LOCUS

LOCUS

LOCUS

LOCUS

Smile, please

Smile 10

穿著睡衣賺錢的女人

——我是酷酷SOHO族

作者：丁肇芸（Migi）
封面美術：張士勇
責任編輯：韓秀玫
發行人：廖立文
出版者：大塊文化出版股份有限公司
台北市116羅斯福路六段142巷20弄2-3號
讀者服務專線：080-006689
Tel: (02) 9357190 Fax: (02) 9356037
台北郵政16之28號信箱
郵撥帳號：18955675 戶名：大塊文化出版股份有限公司
e-mail: locus@ms12.hinet.net
行政院新聞局局版北市業字第706號

總經銷：北城圖書有限公司 地址：台北縣三重市大智路139號
Tel: (02) 9818089（代表號） Fax: (02) 9883028, 9813049

製版印刷：源耕印刷事業有限公司
電腦打字：焌晨電腦排版股份有限公司

初版一刷：1997年7月
初版二刷：1997年8月

定價：新台幣180元

ISBN 957-8468-17-2

穿著睡衣賺錢的女人

——我是酷酷SOHO族

文字SOHO：MIGI

MIGIIGIM

目錄

穿著睡衣實現理想的女人

作者序

我是有理想有抱負的ＳＯＨＯ，在家工作，穿著睡衣實現我的理想。

寫ＳＯＨＯ，可以從很多角度來下筆，介紹台灣的ＳＯＨＯ、ＳＯＨＯ ＤＩＹ、ＳＯＨＯ創業寶典……。之前也爲此而考慮再三，到底應該以什麼方式呈現ＳＯＨＯ的風貌？一日聽到孫大偉說了一句「規則是給平凡人用的」，是啊！ＳＯＨＯ大都自命不凡，加上ＳＯＨＯ這個「職業」相當複雜，適合這個ＳＯＨＯ的規則，可能正是另一位ＳＯＨＯ避之唯恐不及的大陷阱呢。

思前想後，決定將自己的ＳＯＨＯ創業經驗與心得，完整搬上版面，前因後果，寫個詳細。在讀者深入了解我的ＳＯＨＯ生涯後，如果能從中參透些什麼而有自己的體會，因此台灣多了位「未來英雄」，Migi與有榮焉。又或者，不需要背負太大壓力，就當此書是本散文（這本書不知是否有機會被定位爲文學類叢書，呵呵^_^），聽聽一個女子如何在網路上建立自己一片小天地以及她的一點小小想法。

五、六月是個適合寫作的季節，窗外的大雨讓獨自在電腦前面的我，沒有因稿債而有無法外出走走的遺憾。也是因爲大雨吧，大塊文化的關懷較爲熱絡，因此能讓這本書順利推出，感謝大塊、感謝自己、感謝老天下雨。

Migi 於新竹的六月大雷雨中

01 SOHO 守候你

創業的門檻

談到創業，除了要有專業技能之外，還需要作相當程度的投資，因此資金的籌措成爲想要創業的人需要面對的，第一個難以跨越的門檻。即使咬牙跨過門檻，風險也相形增高，成爲創業期間的龐大壓力。這是爲什麼許多人想放棄上班族看人臉色吃飯的日子，去實現所有曾經有過的創業夢想，而一考慮、再考慮、三考慮，卻發現頭髮全已灰白矣。

計程車司機除了要有高超技術與過人膽識之外，還得花個幾十萬買輛車子，才能縱橫於台灣的馬路虎口中。醫生在七年苦讀後，可能還得討個有錢老婆或是靠祖上積德，方可在人潮洶湧處擁有以自己爲名的醫院。三兩好友相招來做生意，最容易傷感情的也是在資金籌措、運用與分配上。

錢，的確粉碎不少人的創業夢想，不見得是因爲沒有錢不敢創業，而是即使有錢也不敢拿去冒險。即使手上有一些可以運籌帷幄的積蓄，要不要拿這些積蓄去做賭注，也成爲另一個傷腦筋的問題。萬一血本無歸，如何去扛住「創業

名詞一點通

ＳＯＨＯ(Small Office, Home Office)

指在家辦公者、以及管不了多少人的小老闆，或三兩好友攜手創辦的小公司。舉凡醫生、計程車司機、作家、個人工作室等，其實都算是ＳＯＨＯ中的老牌子。不妨說ＳＯＨＯ

失敗」的責難與風涼話？這些話可能來自親戚朋友，來自曾經明智建議不要拋下鐵飯碗之旁觀者，來自自己身邊最親密的人。

然而由於Internet蓬勃，對於學有專長的人而言，出現了一個較易跨越的門檻標準。因爲不用租店面、不用庫存、不用大筆宣傳費用、不用……。

咦！創業變簡單了嗎？因爲Internet？

我在家工作，家中本來就有齊全的網路設備。想要成爲ＳＯＨＯ，對我而言，最大投資就是每個月薪水沒有了而產生的成本！所以最簡單的計算投資金額的公式便是：

每月薪水X預計回收期（以我而言，當初我預計是六個月）

有了這樣的投資金額，最起碼六個月內可以衣食無缺了。不用怕繳不出會錢、不用降低生活水平、在經濟上，我仍然保有以前當上班族的安定。不過我這樣做法，就我所知是相當保守的，加上我原先的薪水也不太低，因此我準備的資金比大部分的ＳＯＨＯ寬裕。很多網路ＳＯＨＯ，尤其是年輕的網路ＳＯＨＯ，辭呈一遞，帶著當月的薪水就上網打拼了，每天饅頭開水，也其樂融

是世紀末自由業的新詮釋吧！由於網際網路Internet風行，有另一群ＳＯＨＯ族中的新世代開始引起重視，那就是藉助於Internet創業的ＳＯＨＯ族，也可稱爲網路ＳＯＨＯ。他們透過Internet的低成本的創業方式，以較具個人特色的經營理念在Internet上打拼。或因門檻較低、或因追求時髦，這個族群的勢力也越見驚人。

融。在此姑且不論這樣做法的風險如何，但是網路創業門檻之低，可見一斑。

如果已經有了一台可以上網的電腦，一年花個數千元便可租到一個二十四小時開機的網站，每月幾千元的電話費，簡單就可以在網路上當起老闆。就算不能賺到錢，網站站主的頭銜也挺讓人飄飄然的。

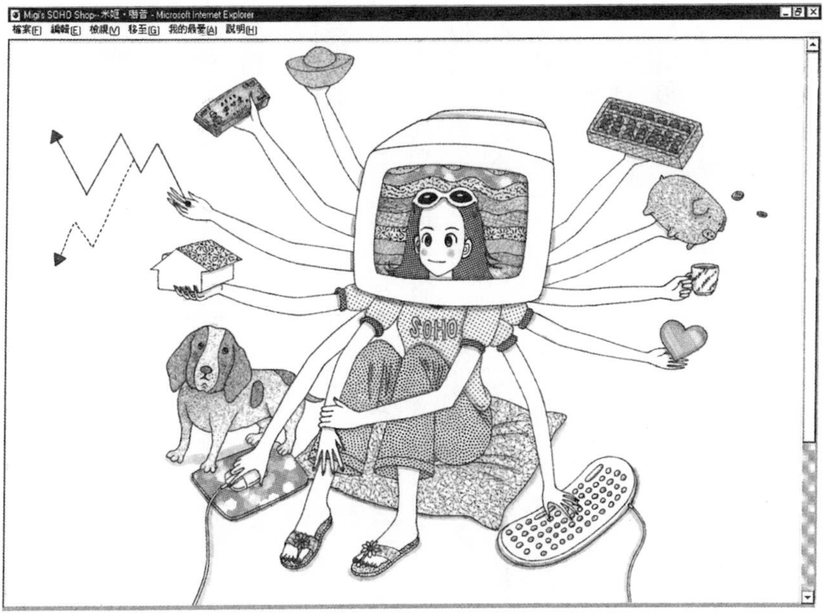

題外話：

我那筆小資金倒真是沒有花到，加上放在股市運作，剛好遇到一九九六年股市小飆，靠著一點小利潤倒也可以餬口，讓我在那幾個月沒收入時，還可以安逸度日。不過，雖然那筆小資金在當時沒花到，可是最近（一九九七年五月）股市長黑，資金就變成股市的庫存了。在此只是想告知，「多元化經營」對SOHO而言，也是重要的生財之道。

世紀末的行業主流——網路SOHO

爲什麼SOHO，會在世紀末造成話題呢？只因Internet的魅力麼？還是有其他的因素？

1.網際網路（Internet）的風行

網路的風行使得每個人都希望找到自己的舞台，來展現、磨練與炫耀自己的才華，以前我們只能找到封閉的、小規模的表演場。許多人，就像我，一畢業便投入公司當個上班族，如果可以達到小老闆、中老闆、大老闆的期望，便可以得到比較快速的晉升，得到周遭人的掌聲與肯定。但這個表演場是封閉的，外界不見得能看得到其中一個演員的卓越之處，因爲對外呈現的是團體表現，每個演員必須在團體之中，爲著公司的長遠目標、經營策略，與既定政策，一同且一致地將自己融入爲團隊的一部份。但相對的，公司也提供相關保障與福利，一年三節、加班費、團體保險、各式旅遊、退休金、固定基本薪資……。這些保障，讓演員可以忘卻自我而鞠躬盡瘁，讓公司也可以有大膽要求員工的勇氣。

過去這樣的封閉的表演場，一直主導著全世界職業的生態，因爲要找舞台不容易，因爲沒有資金，或是不敢拿資金去冒險。加上這些舞台掌握了某些專業上特有的資訊以及行銷的管道，使得演員脫離表演場，很難獨立生存。直到Internet提供了另一種大格局的舞台，局面被扭轉了。Internet這個大舞台上，任何人只要有膽子，輕易地就可以跳過門檻，上網一展長才。由於要登上這個舞台的門檻很低，自覺有能力的人，不需準備上百萬、甚至上千萬資金。只要有勇氣登台表演，便可以一躍而上，在這個國際性的超大舞台上，追尋自己爲自己所設定的目標。Internet這個國際劇院，租金低廉。劇院老闆也不會因年齡、資歷、性別、外貌……等理由，給予表演者不同的待遇。劇院中，觀眾來來去去，因爲這是一個不收門票的劇院，觀眾進出自如。所以囉！如何吸引觀眾的駐足，端看表演者的聰明才智了！

2.企業結構的改變

不知道大家是否注意到一件事？雖然物價指數不斷的提升，可是您的電腦、數據機、光碟機、家用電器……等用品，卻以不成比例的速度，大幅降價。由於產業界的競爭，老早就跨越了國度的限制，除了少數掌握獨門技術的企業，大多數的企業所面對的強敵早已沒有國別之分，在商場上的競爭，大家早就脫離疆界國土的保護了。誰能生產出物美價廉的產品，誰便能在血腥市場中得到勝利，拿下敵人的人頭，攻下自己的領地。在這樣的競爭壓力之下，降低產品成本，成爲所有企業首要的經營策略。要如何降低成本呢？原料與生產的成本是最先被控制的參數。但如果這些直接成本已經降到最低點，下一步就是從間接的員工福利成本下手了。於是原本著重於員工訓練的企業，也在節省成本的考量下，降低訓練預算。向來以員工福利優渥著稱的公司，現在卻成爲不具競爭力的代表商標。爲了提升產品競爭力，福利導向的公司也不得不開始斤斤計較於員工福利所造成生產成本的上揚。至於降低福利與減少訓練課程都還算小事，有些公司打起了組織重整、企業改造、企業扁平化的旗幟，進行裁員與精簡人事的動作。更惡劣者，甚至出現惡性倒閉、不發薪資的情形。公司想要降低成本是情有可原，而降低成本過程中如何兼顧仁義道德？這的確是兩難，但是反過來說，在目前工作生態中，即使公司願意以仁義對待員工，員工的忠誠度又如何呢？一個公司辛苦培育的子弟兵，將來可能會成爲敵軍的主將。這樣的矛盾，不斷地提醒著經營者，企業是以營利爲目的。

員工對企業不信任，企業也不願意投入太多心力在訓練員工、員工福利等攸關員工生活與技能的事項。過去精忠報公司的員工，不復存在，而公司也對員工有爲敵人培育兵將的懷疑情結。在這樣惡性循環下，有些人開始質疑傳統工作環境模式與升遷方式，過去有的保障沒有了，過去讓自己甘於隱身於公司之中的理由沒有了，如果剛好這時出現一些機會……

3.學習方式的改變

如何培養專業能力？在過去，大都透過學校教育的基礎培養，然後再到工作場所，透過特有管道去學習與累積和工作有關的專業技能與經驗。然而，由於資訊的爆炸與快速更新，學校的老師或是公司中的資深前輩已不再是求取專業知識的唯一管道了。誇張一點，甚至有可能成爲學習的阻礙，我這麼說不是否定所有老師與有經驗者，只是對於無法提升自己專業能力卻又不自覺的前輩之哀悼。

透過Internet，任何人都可以拿到最新、最快的資訊。加上市面上雜誌、書籍、教學錄音帶、錄影帶滿天飛。年輕人的精力旺盛，企圖心強與懾人的吸收新知力量，如果還考慮到他們不需要養家活口等因素。我的書《當ISDN遇見Internet》，其中約有三分之一的內容，是我從Internet上學到的。國內著名的占星小仙女Peggy，Internet就是她的啓蒙老師。我之所以會設計我的網路首頁，我的老師全部都在Internet上。Internet是一個二十四小時開放的教室，不同的學生、不同的態度、不同的目的，在Internet上可以得到不同的收穫。單就某一專業知識，學生比老師厲害，資淺的員工超越了資深的員工，在現今社會中已是再稀鬆平常不過的現象了。還記得大學時，一位教高級C語言的老師，在課堂上一向態度高傲，但是當同學們交出第一次老師指定的作業後，老師發現原來很多學生的程度遠在他之上，之後就變謙虛了。這件事，發生在近十年前，我相信如是的情形，現在應該更爲普遍。想告訴大家，我非常尊敬那位老師，因爲他願意放下身段來謙虛。有的時候，我們看到一些老師反而會藉著否定學生的能力來鞏固自己的驕傲。

在學校，老師無法面對學生超越自己，但因爲老師畢竟還是老師，所以學生大都可以體諒與適應。可是在工作場合裡，如果是跟自己沒有從屬關係的資深前輩，心中的不平似乎就難以平復了。當專業能力與薪水、職位不成比例時，專業能力不差但薪水卻比別人低的人，會願意屈居他人之下嗎?尤其當他有一技之長，此時剛好又有個大舞台向他招手時，他能克制跳上舞台試一試的衝動嗎?

4.理想的追尋

Internet提供了省錢的創業方式，因此有理想、有抱負的人便有機會不需要冒太大的風險，而找到實現自己夢想的機會。喜歡攝影的人，不但可以透過Internet學到更多攝影專業知識，還可以透過 Internet開個攝影展。如果受到肯定，則可作爲創業的基礎。愛花人，可以在Internet上找到一群花痴，進而產生創業契機。我的狗狗雖然足不出戶（因爲我懶，加上怕惹來一身寄生蟲），可是認識牠們的人可不少喔，都是Internet上的好朋友。也許某些人會爲透過冰冷的電腦主導自己生活的這種方式，感到憂慮。可是這似乎已成爲一個事實，也成爲不可避免的趨勢。網路ＳＯＨＯ常見的氣質便是理想抱負特別多，每次有ＳＯＨＯ聚會，大家光談理想就可以聊得興致勃勃，進入忘我狀態。聊著聊著，好像光復大陸國土的重責大任，就在我們身上了，煞是有趣。現實世界裡，我們「談」心靈改革、談提升國家競爭力。可是有一群人正在Internet 上改革自己與別人的心靈，默默地爲著國家競爭力盡一分心。不知道你是否有同感?網路上的人，常常有一種莫名的道德潔癖，想想看，您可能也有。

其他諸如家庭觀念的復甦。新新人類、Ｘ世代加入職場，造成公司倫理的變化。通訊媒體的增加，使得不用出門便可以與人溝通。

對於某些特殊專長的需求量暴增，擁有該專長的人，脫離原企業才能接更多的生意……。

許許多多的理由，使得世紀末，成爲網路ＳＯＨＯ族展現風華的時代。

最自由也最不自由的行業

常有人羨慕ＳＯＨＯ族，上班時間自由，早上可以賴床、下午可以喝下午茶、晚上愛多晚睡就可以多晚睡！愛上班就上班、想渡假自己可以批假單，多悠哉啊！如果你是因爲這些浪漫的生活而有下海當ＳＯＨＯ的慾望，我建議就不用麻煩，花那麼多心思當ＳＯＨＯ了，直接把準備的少許資金拿去渡假比較有效率，因爲浪漫ＳＯＨＯ可能很難撐太久，既然想要悠哉，何不直接把錢花在玩樂上，還比較實際。

大家羨慕ＳＯＨＯ族的自主生活，其實多數ＳＯＨＯ族更是期望自己的工作時間能夠朝九晚五。我的ＳＯＨＯ朋友們，每天工作時數大都超過十二小時，更有很多ＳＯＨＯ保持每天工作十五小時以上，寓吃飯於工作、寓喝茶於工作……。賴床？好久沒見過了，常常都是清晨驚醒！

醫生是自由業的大哥大，你看過哪一家診所的醫生，不管多少病人在門口排隊，還誓死賴床的？就算沒病人，醫生也早就服裝整齊地坐在診斷桌前，等候病人了。計程車司機也是自由業的代表，下午茶店應該不易見到運將先生悠閒喫茶罷。

ＳＯＨＯ族自由與否全看自己的心態，自己是否能從時間的禁錮中解脫，端看自己。不過，據我觀察，最後能夠在ＳＯＨＯ業界擁有理想成績者，大都是完全把時間賣給自己的事業的那一族群。這些人賴床，實在是因爲凌晨才上床；喝下午茶，也多是約了人談公事。渡假，呵呵，星期六、星期日都沒了，還渡假，別傻了。不過網路上，不是每個ＳＯＨＯ都那麼打拼的。也有人真的是過著浪漫的網路ＳＯＨＯ生活，沒事逛逛情色網站，或找間聊天室閒聊消遣一番，下午再睡個安靜的午睡。但大部分這類悠哉創業者，常常都以回歸上班族生活，作爲故事的結局就是了。

甦活族或守候族

ＳＯＨＯ音譯爲甦活族，真是個浪漫的名字啊！聽起來就像是個主動態的動詞。尤其與對自己工作沒自主權的上班族比起來，甦活族光從字面看來就生氣勃勃。

的確，ＳＯＨＯ族不用看老闆臉色度日，這一點倒是挺愉快的。說到此，Migi不由得想起以前狠心的老闆所交付不合理的工作。老闆們常常把自己當成虎膽妙算的龍頭，專門交付屬下Mission Impossible般的工作，而身爲紅牌屬下的我也只能咬牙扮演湯姆克魯斯，拼命去完成所交付的使命了。我想許多上班族們，聽到以上敘述不知道會不會有包裹款款，立刻下海當ＳＯＨＯ的衝動？想到整日壓榨自己的老闆，或是爲了別人錯誤的決定而背負責任，要是自己有決策權，一定可以把事情做得更好。

甦活族，這個名字本身就非常具吸引力，好似呼喚著沈睡的上班族們醒醒吧，甦醒後將有新的生活！然而這個新的生活是什麼樣子的，可能要先看清楚

名詞一點通

E-mail

電子郵件

透過Internet，我們可以傳遞電子信件。通常申請Internet帳號時，就可以得到一個電子郵件信箱。而這個信箱其實只不過是一個二十四小時連上Internet的一個硬碟上的一小塊區

喔！當ＳＯＨＯ一年來，最真實的心得便是其實以前的老闆根本沒有苦毒我，因爲自己對自己必須更苛刻，才會不斷地擠壓自己的潛能，而且這是無須溝通，也不用協調的。

我目前的工作清單中，有許多單調乏味的工作在以前當上班族時是有人可分擔的，例如郵寄、算帳、整理資料、接聽電話、下訂單……。可是現在卻得一手包辦，當自己在忙於這些固定、單調、又非自己專業的工作之中，但又不能不做的事時，我就好懷念以前公司的助理、財務人員、採購人員、……。

此時，與其稱ＳＯＨＯ爲甦活族，倒不如說是守候族來得貼切。因爲不敢亂跑，怕因此沒接到重要電話、重要傳真、重要Email、重要訂單、重要訊息。這一年來，雖然沒用ＳＫⅡ，可是我的皮膚更爲白皙，應該是因爲當守候族的原因吧！ＳＯＨＯ，美白產品也。

域。只要有Email位址，任何時候，Internet上的任何人都可以傳送信件給該地址的主人。而主人只要輸入密碼上網查詢，便可閱讀、回覆信件。電子郵件信箱是個二十四小時營業的郵局，這個郵局不但可以傳送文字、圖片、聲音還有影像喔。

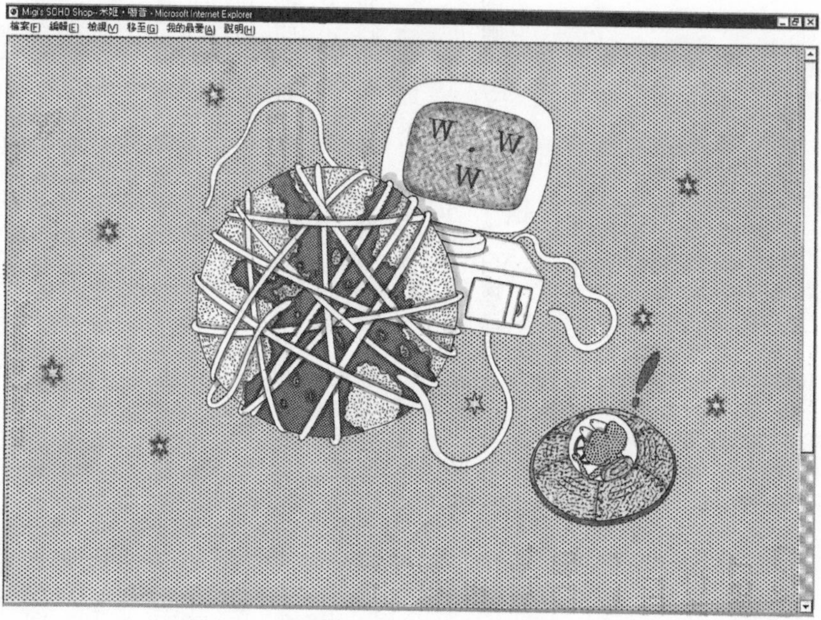

編按：

網路上商機無限，端看你如何操做。當然，想成爲網路SOHO，懂電腦、有電腦細胞，應該是首要條件吧？有興趣的讀者們，趕緊去學電腦！

02 我是如何下海當SOHO

七年之癢

在下海當SOHO前，我當了七年上班族。

七年是個奇妙的時間，可以讓一對夫妻開始思考生活的意義，也能讓當初豪氣萬千的上班族習慣於稀鬆平常地看待辦公室中一切的不合理，但卻不能釋懷於人生目的之追求。雖然我已能自然地接受一切辦公室的正常現象，甚至在這樣的環境中脫穎而出，我得到我想要，甚至超過我想要的職位與薪水。我沒有被犧牲於任何權力鬥爭之中，也沒有讓人踩著我的頭竄升。然而，這七年還不足以讓我麻痺……

辦公室中，每次權力鬥爭，只見親密戰友轉眼反目，昔日的推心置腹不見了，僅剩刀劍相向。中級主管們爲了達成老闆所交付的使命，壓迫屬下們完成不可能完成的任務，老闆們賭的是利潤，屬下們也在賭，賭的是健康與家庭。長袖善舞者，即使做錯事、下錯判斷，仍能在庇蔭下，大事化小、小事化無，由黑轉紅。黑五類就沒那麼輕鬆了，可千萬不要做錯一點小事，免得禍及九族，主管、屬下跟著遭殃。明明知道老闆的決策是錯的，但是還是義無反顧地跟著攪和，反正沒有功勞也有苦勞ㄇㄟ！辦公室原則是什麼？無關乎仁義道德、也不受中華民國憲法所約束，全看公司文化以及人與人之間的互動，是非之間沒有一個定論。……

我已習慣於這些現象，身邊的人因此來來去去，迎新送舊的場合，不會特別悲傷或高興，但不表示我沒感覺。

無論老闆的話對與錯，會議室中總能看到一些人如小雞啄米似地不斷點頭稱是。而這些小雞們，離開了他的老闆轉身又對另一群小雞說話。大部分的時候，我也選擇乖乖當小雞，因爲大部分的老闆都是很「明智」的，沒有當魏徵的命還是不要過於逞強，免得一貶三千里。話說回來，要當個成功的小雞也不是簡單的，因爲必須有實力，以有限的資源面對一個又一個不可能的任務。

我知道自己爲什麼能當辦公室紅人，除了有一些小聰明外，最重要還是我能全心投入工作。如果不能捨己爲公司，基本上已經失去當辦公室紅人的基本條件了，因爲老闆欣賞的是苦幹實幹、鞠躬盡瘁的員工，而他要靠這些員工們，創造公司美麗的明天。再次強調，不是只會點頭就可以當隻紅小雞喔！一定的工作能力也是不可或缺的。

剛出社會時，憑著一股衝勁在辦公室打滾，幾年下來，慢慢地學到求生之道。知道如何拿捏與同事間有點親密又不能太親密的分寸，也體驗到如何以老闆的目標爲導向，驅使自己與工作團隊，爲達目的全力衝刺。也因此我得到回饋，或是同事的肯定，也可能是老闆的口頭與實質的鼓勵，而我也如魚得水似地自沾自喜於自己小小的成功。

對於剛出道的社會新鮮人，這樣的沾沾自喜是非常重要的，因爲年輕人在還沒（或者該說還不會）尋找自己的目標與方向時，沾沾自喜可以幫助自己學習與成長，也是象徵工作經驗的累積。沾沾自喜是學習的原動力。小雞啄米的工夫，是人生必修的學分，雖然有些必修課程讓人討厭，但是很重要，請不要排斥。當有一天，如果能領悟，學習到可以不用藉助於沾沾自喜，確定自己的人生目標，這時就該把這種自喜情結拋到一邊，因爲它已從學習助力轉爲阻力！

如果已經過了沾沾自喜的年齡，在辦公室中沒天沒夜的的工作，是成爲當紅上班族的首要態度。可是所爲何來？微薄的薪資？老闆的肯定？虛榮的職銜？……

鯊魚耀武揚威地橫行於水中世界的畫面令人印象深刻。可是誰知道那是因爲它沒有鰾，它必須不停地游動，否則會沈在海底。其實大多數的人，就像我，很想休息，尤其在辛苦工作多年之後，已經感到身心俱疲之時。如果我想休息，需要鰾支撐我浮於水中，鰾在哪裡？我會不會沈於海底？我會不會成爲鯊魚呢？……

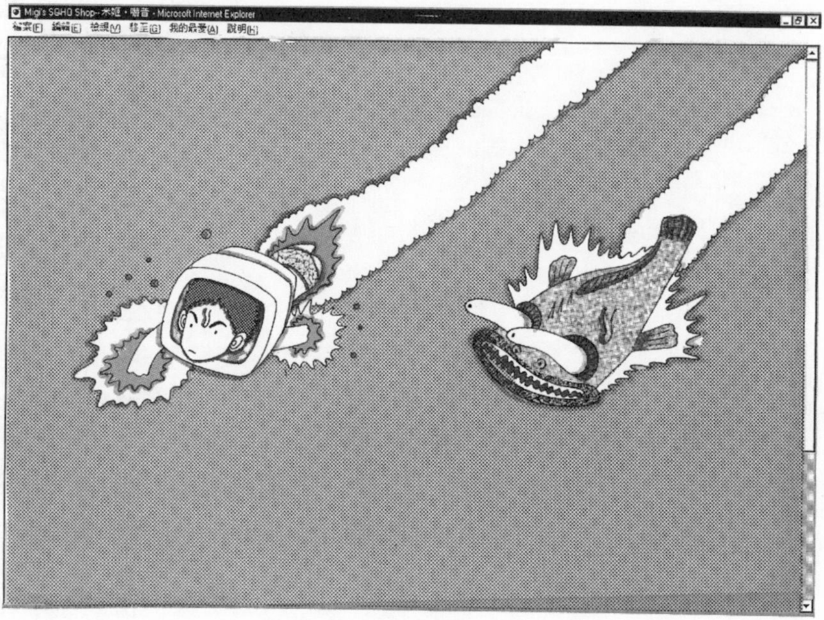

題外話：

剛出道的新鮮人，衝勁夠，在大海中勇往直前的活力，簡直嚇死魚，可是工作久了，總免不了窘態畢露；職場是殘酷的，不能向前，可能就有人會請你換個海洋。

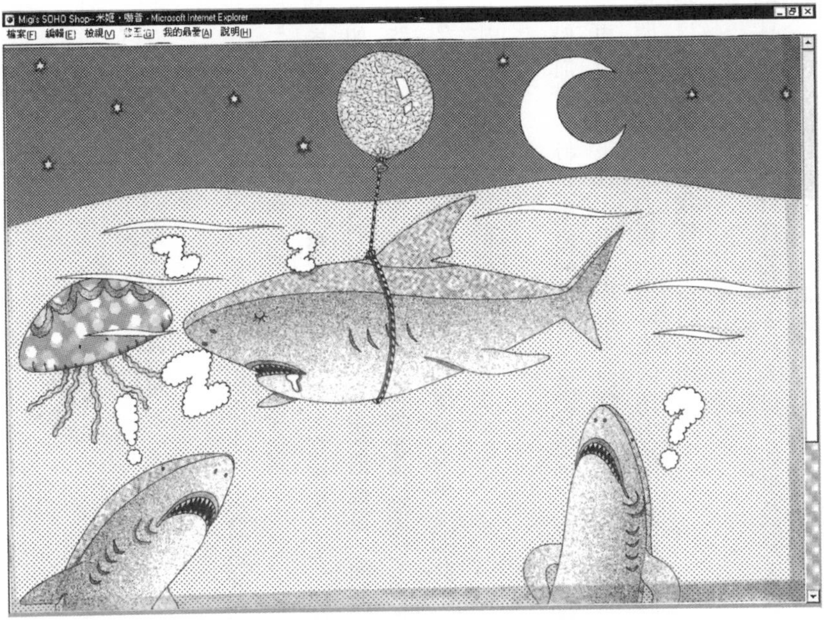

題外話：

做鯊魚也沒什麼不好，只要能自得其樂即可！常常遇到一些令人尊敬的大鯊魚，他們正在改變我們的生活方式。

基層主管的悲歌

我曾有兩個外號，一個叫做Report丁（很會做報告），另一個叫做Meeting Manager（整天開會的經理）。自從我當了主管之後，在專業的層面上，我的學習機會變得很少，整天忙著開會、寫報告。在一個規模一、二千人的公司裡，如何得到大老闆們的青睞，必須要把握每一個開會的機會，展現自己的成績。能做一份雅俗共賞還有一點點深度的報告，並能佐以專業、生動的介紹（Presentation），剛好又能受到層峰器重。如此不但自己身價大漲，自己部門的主管與屬下，也能跟著雞犬升天。

一般而言，較具規模的公司，搶資源是件重要事兒，所謂巧婦難爲無米之炊，再拼命的主管，也不願接手沒錢、沒人的計畫。至於資源在哪裡?端看你掌握開會狀況的能力與小雞啄米的功力了。我現在能從事文字工作，絕對是要感激以前公司給了我做報告的訓練！

但是我是一個高科技通訊工程人員，如果我整天只會開會、做報告，您覺得我會有安全感嗎?當有新的技術出現,我必須把學習的機會留給屬下,因爲我要顧到屬下的生涯規劃。每個新技術,我都只能略知一、二,因爲忙於開會或是爲了做會前準備以及會後的相關行動,已經完全佔據了我的時間,可怕的是,生活周遭每天都有新的名詞、甚至新的動詞、形容詞……出現在身邊中。

在科技業界,有一種奇特的共生關係,高級主管們總會找一些專業能力很強的人,做他的左右手,並維持共生關係。雖然我仍是當紅的共生對象,可是漸漸地我的專業技術能力累積速度有瓶頸,而又還沒來得及當上高階主管。實際上,應該說沒有當高級主管的命,我認爲當上中級主管可以靠努力,但是要當高級主管,可得有天時、地利、人和的好機運,中國人常把這種機運叫做命。當我漸漸要成爲過氣的共生對象,又還沒能力選擇別人與我共生時,……我又有危機感了。

也許有人認爲我杞人憂天,可是我看到身邊許多科技業界中級主管,來來去去。A公司的趙協理,在組織扁平化的呼聲下,被請出了公司。B公司的錢經理,在B公司推動再造工程計畫時,由領軍數十人,變爲一人的不管部經理。C公司的孫處長,因爲與老闆不合,被迫退位。這些主管們,年紀已有一把了,薪資水平又不低,要重新面對新的工作挑戰,情何以堪哪?

以前的企業，強調終生保障，甚至還可以帶孩子上班。我記得我小時候，常常跟爸爸到公司上班，還可以在爸爸公司裡遇到其他小孩子玩伴。但是面對世界強勢競爭的壓力下，有多少公司敢要員工長久留在公司養老呢？如果有一天你對你的老闆說，想要在公司養老，說不定換到的是可以讓你兩、三個月內不愁吃穿的資遣費。

可是我真的想要找一個未來可以養老的地方。

我遇見一位算命仙！

那是一個星期四的晚上，與總經理一起吃晚餐。當初這家公司成立時，總經理找了五位風水師看風水，整個公司的規劃，完全依照陰陽五行安排。雖然我對此道一竅不通，進入這家公司後，或多或少對於命理產生一點點感覺。那天的晚餐中，或是爲了請益、或是爲了諂媚，敦請總經理談談他創立公司的始末。

總經理與公司早期元老都是從某一公司跳槽過來的。當初他曾請教台北一位算命師，他覺得非常準，公司早期的元老都給那位算命師算過，也都心悅誠服，他自此便開始注意風水之說，成立本公司時也不忘請風水師看看。請注意！該公司的總經理是美國貝爾實驗室回來的歸國學人，而那些早期元老，也大都是台、清、交大畢業的高材生。當時，我也只是覺得有趣，隨口問問地址，由於事隔多年，大家也都不太記得，只提供了些支離破碎的線索，如在溫州公園附近、巷口有間全家福超商，以及該算命館是以「某某書畫社」爲名。

有些事可能冥冥之中，真的有誰在主宰。星期五一早，我到滬州公園附近出差，和客戶吃完午餐散步時，「正宗書畫社」的招牌就在眼前。難道，這是老天爺安排的嗎？辦完公事後，一般而言我都會立刻回新竹繼續打拼。但是由於次日在台北有事，星期天我要參加高中同學會，所以連著兩晚都住台北父母家。於是我就順道拜訪了「正宗書畫社」。

進入「正宗書畫社」，只有一位三十多歲慈眉善目的男士。這位男士看起來就像有道人士，言語平和、不慍不火。他簡單地跟我介紹書畫社的歷史，原來他不是主持人而是義工，主持人是位公保的醫師，三代扶乩作畫，神佛附身，解答世人疑問，大家稱他爲李老師。書畫社是以財團法人的方式向政府立案，所得用於濟貧解困。每週一、六晚上，開壇做畫，畫完後，師父還會依照畫中內容加以解說，指點迷津。

義工便有如此氣質，李老師應該更不同凡響。於是，星期六晚上我便成爲「正宗書畫社」的座上客了。當晚大約有二、三十人求畫，工作人員約有十人。只需要登記一個姓名即可，李老師作畫，工作人員幫忙洗筆、加顏料、鋪紙……李老師每做一張畫，便在名單上勾選一個名字，以示該畫所屬。

較爲特殊之處是，李老師以左手作畫且畫紙以九十度擺放。據說，李老師的左手是借給菩薩用，平日他是慣用右手的，做畫時，李老師仍能談笑風生，因爲腦袋沒借給菩薩。畫的鋪陳都是一幅畫配上一首詩，以及一些羅馬拼音的字體。李老師將他聽到的一些聲音以羅馬拼音拼出，而這些羅馬拼音須以古日文發音來解釋其含意。老師畫完後，工作人員立刻將畫取下，並找到主人，詢問所求爲何？以我爲例，問事業，同時另一邊有人將羅馬拼音轉爲古日文，再將中文解釋寫下來。

老師畫完十幾張畫後，公開地幫大家解釋畫作。當他在解釋別人時，我在一旁只看到求畫者頻頻點頭稱是。輪到我時，他第一句話便告訴我：「辭職吧！你現在的工作不適合你。」

大家對於我的事業未來好奇嗎？由於天機不宜洩漏太多，我只說一些重點。他告訴我要走文字工作，而且會有很好的成績，適合自己創業，在下就是以此說服出版社爲我出書的。還有我命中貴人很多，這件事在我這一年ＳＯＨＯ生涯中，的確得到印證。

當時(大約一年前)，我還沒有開始做較大規模的寫稿，偶爾爲民生報、聯合報寫狗狗的文章，消遣自己而已。生平的第一次算命，竟然要我辭去高薪的工作，跳入不見得能餬口的寫作行業。我若聽了算命仙的話而辭職，豈不被人笑掉大牙，我是高科技知識份子耶。

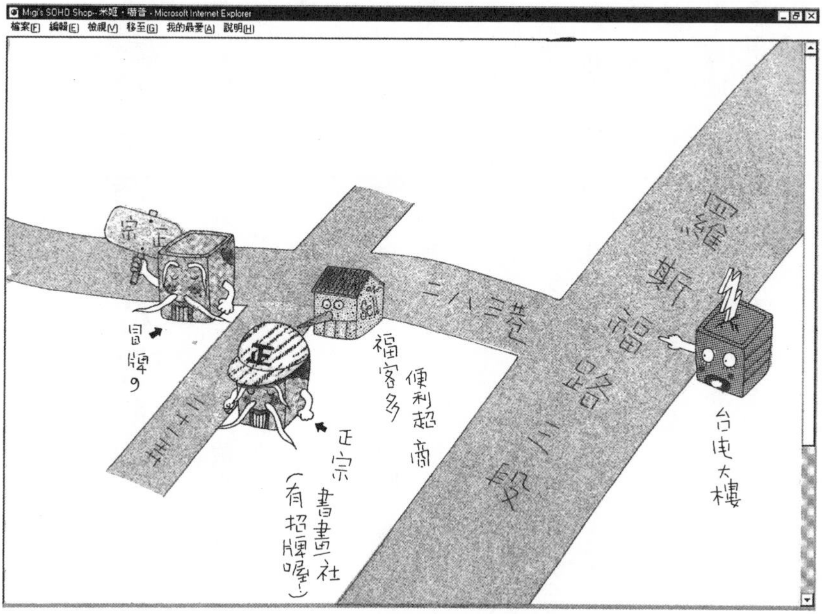

題外話：

應編輯小姐要求，貢獻地圖一張，不保證鐵口直斷。聽說該書畫社營業時間已改爲每週一、三、五晚上7：00～9：00。

我又遇見一位算命仙！

星期六的晚上，回到台北父母家，不敢說出自己去算命一事，因爲家人從不相信江湖術士。加上自己也是基於好奇心前往一試，何必執著於一個算命仙的話呢？

星期日參加高中同學會，遇見一位高中時坐我旁邊的謝同學，以前兩人感情不錯，倒是畢業後就沒有連絡了。

謝同學問我是否記得高中時，他父親去學算命，我曾把八字給他爸爸，但是陰錯陽差都沒算到命。他父親現在已成爲專業的算命師了，四處遊走算命，今天難得在家，問我要不要去他家給他父親算算，了卻一樁心事。

於是，星期天的下午我就在謝同學家聆聽謝阿伯的批命！謝阿伯專長於紫微斗數，算命方式不像李老師那麼有噱頭，但他拿了我的八字後，排了排命盤，什麼也沒問我，一個人滔滔不絕地講了半個小時，還錄製成一捲錄音帶，要我回家聆聽。令人驚訝地，他也叫我儘快辭職、自行創業、從事寫作工作、會有貴人相助。這半個小時，謝阿伯與李老師的說法不謀而合，而且解釋更爲詳細。

這下可好像不能付之一笑了！我該怎麼辦？

當天我坐火車回新竹，看著窗外移動的紛亂景致，嘗試理平自己雜亂的思緒。

題外話：

基層主管眞不是人做的工作，又要馬兒好，又要馬兒不吃草，唉！不如行李捆捆，回家吃自己。

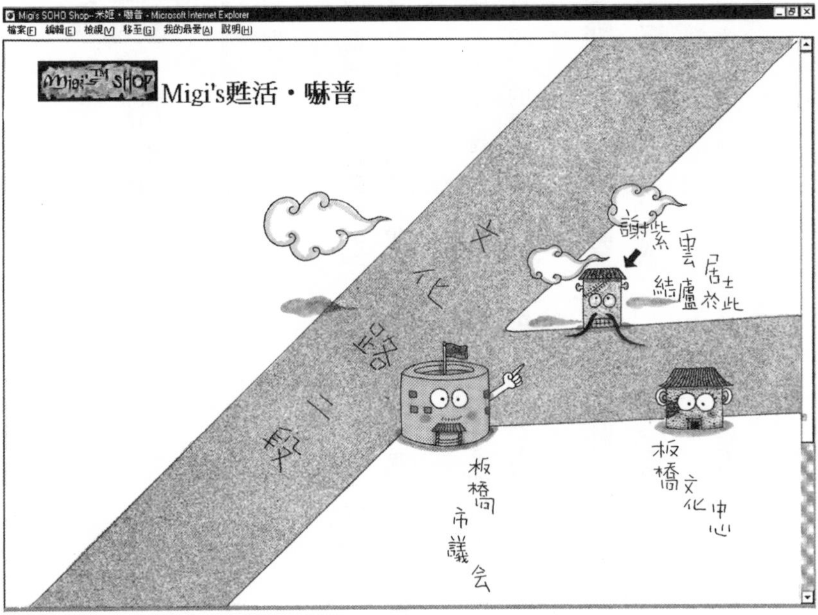

題外話：

應大塊文化要求，再貢獻地圖一張，還是不保證鐵口直斷

辭職啦！

回到家中，向外子報告這兩天的奇遇。兩人徹夜長談，談自己的理想，談兩人的理想，談兩人的未來……

因爲網際網路Internet的風行，對於有一技之長的人而言，自行創業的門檻似乎也不那麼高了。我和外子一直在通訊資訊業界發展，在專業上的確有獨到之處。

Internet的蓬勃，自己的ＩＳＤＮ專業知識，加上外子專長於撰寫Ｗindows驅動程式的專業能力，在Internet上似乎可以得到發揮。

還記得當初好朋友開了台灣第一家網路咖啡屋時，我還開玩笑，戲稱論咖啡與Internet，他都沒我懂。結果他倒是賣起網路咖啡，我還是做我的上班族。

很多事只有做與不做的差異，成功與否何必在乎那麼多？

名詞，一點通

ISDN（Integrated Services Digital Network）整體服務數位網路

整體服務數位網路，聽起來很複雜吧？其實它只是一種數位的電話線。可以不用花太多的錢便可以大幅提升上網速度。

老公說：「我的收入，只要不浪費，已經夠我們兩人生活了，你就去試試吧！」

老公又說：「妳也辛苦工作七年了，藉此休息一下，讓我回家有晚飯吃。」

老公還說：「說不定妳成功了，我也就可以辭職，給妳養啦！換我實現自己的理想了。」

由於我原來的工作即是在做專案企劃，因此很快的腦中就畫出一張創業藍圖了。我可以寫一本介紹ＩＳＤＮ的書，設計一個專門介紹ＩＳＤＮ的網頁，在網站上……，這樣做對於自己專業的累積有相當程度的幫助。即使撐不下去，以我的專業能力，再回到一般企業找工作應該不難。給自己一年吧！

其實，對我而言，辭職的賭注也不是那麼大，我還在猶豫什麼呢？

星期一，我辭職啦！

如果您還在一面上網路、一面打毛線衣或太極拳（因爲速度實在太慢），請考慮用ＩＳＤＮ。它可以讓您快速優游網際網路同時，還可以打電話閒磕牙喔！

由於本書非探討ＩＳＤＮ的專書，詳細資料，請至米姬．嚇普www.migi.com.tw走一趟吧！免緊張，ＩＳＤＮ不難，歡迎上網一探究竟！

終於下海了，鯊魚換了一個海洋，繼續她的天命之旅！

03
幫自己算算有沒有當SOHO的命

SOHO族查檢表

其實在創業之初，形容SOHO族是「守候族」會比「甦活族」更來得貼切。因爲成天守候著E-mail，守候著傳真機、守候著電話機，等待新的商機。即使個性再積極，SOHO還是必須守候許多別人的決定。任你舌燦蓮花、有些事是需要時間的醞釀與累積的，這個時候除了「守候」也別無他法。等到一天，突破了某個里程碑，這時候可能搖身成爲「甦活族」，但也不要想得太浪漫，因爲象徵著時間已經無法掌握在自己手中了。嗚～，好多事要做喔！

Internet美其名是個燦爛的大舞台，對於觀眾而言愛看什麼就看什麼，輕鬆愉快又有趣（也許也不那麼愉快，因爲網路塞車……呵呵）。但就創業者而言，Internet也是個不折不扣的殺戮戰場。如果沒有三兩三，還是不要上梁山。仔細思考一下，也許自己只適合做一個Internet的訪客，毫無負擔地查詢資料、串門子或是批評別人、交交朋友，多愉快啊！

心地善良的Migi，就一年來SOHO心得，整理了一個SOHO查檢表，也許可以幫助一些準網路ＳＯＨＯ，清楚地看看自己。

（註：答案爲『可以』：五分，『也許可以』：三分，『不行』：零分）

1. 可以整天不說話而不覺得煩悶嗎？
2. 可以跟陌生人講電話，而不會覺得不自在嗎？
3. 自我驅動力如何？
4. 能找到自己的專長嗎？
5. 自己的專長在Internet上，目前的競爭對手多嗎？自己的勝算大嗎？自己有脫穎而出的條件嗎？
6. 投入ＳＯＨＯ，可以忍受半年以上沒收入的日子嗎？
7. 看到沒人睡的床，可以忍著不躺上去嗎？
8. 看到第四台好看的影集，可以關掉電視嗎？
9. 如果沒有公司的資源設備，您與創業夥伴能發揮所長嗎？
10. 自我學習的能力如何？
11. 沒人交付工作，自己知道要做什麼嗎？
12. 執行力如何？
13. 危機處理能力如何？應變能力如何？

14.除了做大事外，願意做小事嗎？
15.身體健康狀況如何？
16.交友能力如何？
17.有財務、成本的觀念嗎？
18.萬一失敗有後路嗎？
19.可以被理想催眠嗎？
20.勝不驕容易做到，敗真能不餒嗎？

有一天下午三點接到一通電話，聲音有點沙啞，對方以爲我感冒，其實不是，因爲那是我在那天說的第一句話，因爲還沒做發聲練習，所以一時說不出話而聲音沙啞。但有的時候，每天要接好多電話，回答不同的問題，面對各種不同背景的詢問者，要用不同的方式讓他們了解什麼是ＩＳＤＮ，實在需要一些應變能力、想像力與幽默感。我平常是蠻聒噪的，但是如果連續演講六小時候，通常對講話這件事兒，就不是那麼有興致了。

一次，從新竹坐計程車到台北，花了一個多小時的時間，苦口婆心讓沒碰過電腦的司機先生了解到什麼是Internet與ＩＳＤＮ，那種成就感，得意至今。不過，老實說那是一時興起，如果每天要做同樣的事，是很可怕的。

題外話：

提供笑話一則。有位SOHO朋友接到客戶詢問如何安裝在Windows 95上安裝Internet的詢問電話，熱心的SOHO很熱心地提供解答。

「先生，你先把『我的電腦』打開。」SOHO朋友說。

「ㄟ！透過電話線怎麼把『你的電腦』打開啊？」客戶問。

「%*&#)@^&」SOHO朋友無言以對。

一個人在家工作，雖然愜意，但是要會抗拒誘惑！我剛開始在家工作的前幾天，幾乎都在看電視以及睡午覺。七年來，很少有機會躺在床上睡午覺，因爲以前工作性質，我甚至強迫自己不要有睡午覺的習慣。可是獨自在家，吃完午餐，肚皮飽眼皮鬆，此時看到空空的床，身上又穿著睡衣，真難克制躺在上面的衝動哪。愛看書是好習慣，可是有人就是在當ＳＯＨＯ期間，將整套金庸複習一遍，然後再回去當上班族（不過要是經營金庸網站當然另當別論）。女性ＳＯＨＯ更要注意，家裡的整齊清潔固然重要，但是還需要釐清自己辭職是爲了當ＳＯＨＯ還是家庭主婦。我的朋友，辭職當ＳＯＨＯ，結果整天大掃除，今天洗窗簾、明天晒棉被，最後成爲專職家庭主婦了。其實真的能當家庭主婦也不錯，最怕在家吃飽睡、睡飽吃，回去當上班族前，還要走一趟最佳女主角花錢瘦身一番，就得不償失了。

沒人盯，你會自己督促自己嗎？見過不少人，原先打算做ＳＯＨＯ族，最後度完一、兩個月的假，一事無成地又回公司上班了。ＳＯＨＯ要會沒事找事，而做每件事又要讓它未來能產生效果。但是有時候，事情多得做不完時，又要會忽略一些小事。自己要權衡每件工作的急迫性與重要性，做最佳的時間管理。而什麼是最佳的時間管理，沒有同事在旁協助，也沒有老闆的督促，一切只能靠自己。有一陣子米姬・嚇普幾乎是7-Eleven，甚至半夜還能接到客戶詢

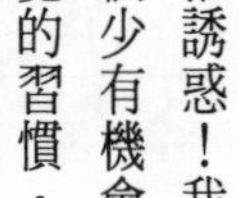

名詞一點通

ＡＤＳＬ(Asymmetric Digital Subscriber Line 非對稱數位回路線

ＡＤＳＬ之所以稱爲【非對稱】，乃因ＡＤＳＬ所提供【電信局至用戶】與【用戶與電信局雙向】間的傳輸速率（頻寬）不同，前者可高達6M

問的電話，後來體認這樣經營方式，會擾亂家庭生活。於是強迫自己將工作時間調整在早上九點到下午六點間，其餘時間不接電話，晚餐如果外子不加班，雖然我不煮飯，但也不要太依賴外子帶便當回來，起碼兩人可以手牽手散個步出去吃晚飯，然後再甜蜜地散步回家。如此做法可能會讓米姬·嚇普失去一些客戶，但是比例並不高，因爲大部分的客戶都能體諒我的做法。SOHO工作固然重要，不要忘記健康與如意的家庭生活才是首要的人生目標。

由於SOHO本身就是自己的老闆，高處不勝寒。沒有人有義務提供自己教育訓練的機會，凡事自己靠自己。Internet上的新知瞬息萬變，如果沒有主動學習的能力，一不小心，專業能力就有可能從名列前茅掉到火車尾了。如果習慣於依賴別人提供最新資訊，而沒有自己學習能力的被動學習者，千萬不要當SOHO，因爲很快就會被淘汰。有些人認爲自己是高手中的高手，但忽略自己之所以能夠練就一番工夫，是因爲公司或者學校提供了良好的學習環境與教育課程。在沒有那樣的環境下，自己是否能夠主動學習新知，需要做深入的考量。我常常收到學生E-mail 問我問題，我不知是否可以稱爲現象，但是我發現不少學生很會問問題，但是不習慣思考。例如「我是某校學生，正在作一份報告，請Migi分析Cable Modem與ISDN間的未來應用狀況。」、「請比較ADSL與ISDON的差異，我正在做相關專題報告。」通常收到這樣的E-m

bps，後者可達640K bps。這個傳輸技術，可以透過一般電話高速傳輸資訊。這是一個值得關心的技術，但要在台灣成熟，可能還需要好些年。歡迎到米姬·嚇普看看深入解析。

ail，我會回答這些學生：「請您先告訴我您的想法，我再告訴你我的。」白話文是說：是你在做報告，還是我？也許我對於學生有些嚴厲吧，可是我認為學生應該要自己思考後再去問別人答案。對於ＳＯＨＯ，我也有同樣的看法！

雖然ＳＯＨＯ可以大門不出、二門不邁，但是可不只是靠自己單打獨鬥，就能完成大業的。ＳＯＨＯ比起一般人更需要朋友的協助，網路上千變萬化，單靠一個人的聰明才智，想要闖出天下實屬不易，沒有同事、沒有長官，不靠朋友靠誰？米姬．嚇普能有一點小成績，我的努力當然是沒話說，可是要是沒有朋友協助，我的努力可能只能讓米姬．嚇普成為理想，而無法當作一個營利型的網站了。對於我的小小成就，我的努力和朋友的幫助是ＡＮＤ的關係，也就是說不是努力佔50%、朋友的幫助佔50%的關係，而是努力和朋友的幫助缺一不可。

由於Internet也是新玩意兒，因此年輕人的確容易在這一行嶄露頭角。但是專業技能當然是年輕人上網創業的本錢，可是由於年輕人對於其他如財務、製造、管理……等基本創業觀念通常不易有概念，加上缺乏社會經驗，一股腦兒全投入創業行列，錯過年輕時去磨練社會經驗，萬一自己投入在網路上的事業一旦不行了，回到一般就業市場常會發生適應困難的情形。這樣的現象，已經

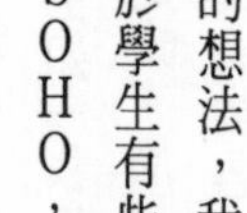

名詞一點通

Cable Modem 有線電視網路數據機

也許您不知道，家中有線電視的同軸電纜線，也可以提供電話以及網際網路的服務，不過首先要法律允許。想要透過有線電視網路傳輸資料，首先有線電視

有很多案例。當然，也有很多年輕SOHO在Internet嶄露頭角，被一些公司網羅，這是令人興奮的結局。所以年輕人請自己想清楚，嘗試真正了解自己一下，因爲這可是自己的未來啊！……我正在倚老賣老！

還有喔！強健的體魄也很重要呢，因爲沒有勞保了，呵呵。當然不只，因爲SOHO沒有生病的權力，一生病，工作室就會變成休業狀態，常生病怎行呢？還有SOHO的工作時間較長，每天十二至十五小時並不稀奇，沒有健康的身體怎麼撐得下去？不過說也奇怪，我以前常常生病，當了SOHO反倒健康得多，只是變胖胖的叫我擔心。

網路公司必須提供這種互動式的服務，此外，用戶家裡也得有一台Cable Modem。這也是一個值得關心的技術，歡迎到米姬·嚇普看看深入解析。

不要忘記ＳＯＨＯ是沒有規則的

即使自己個個性不完全符合以上二十條內容，甚至得分很低。並不代表自己絕對不適合當ＳＯＨＯ。以上的內容只是希望讓大家了解到，ＳＯＨＯ可能面臨的實際工作狀況，以及給大家一點思考的空間。這二十條不是規則，而是鏡子。希望這張鏡子能夠幫助大家省視自己的個性特質，如果某一方面個性特質，可能會成爲工作的障礙，可得想些法子，或者改變自己、或者改變別人（比較不容易就是了）、或是乾脆來個逆向操作，說不定反倒更受人注目。而這二十條想法，有時效性喔！因爲所有的事物都在快速變化中。

至於該如何突破格局？真的是難，在此也無法提供良方，我只知若真的能有所突破，常常能有出乎意外的收穫喔！而那些突破格局的想法，常常也是福至心靈突然出現，如果沒有立即實行，也很快就忘記了。「和氣生財」是經商的守則，可是有些網站的站主，在網站上可驕傲得很，網友們反倒覺得他們很性格而欣賞他呢，結果生意絡繹不絕。在網路上，塑造網站特色絕對會影響訪客多寡。而所謂的特色可好可壞、可忠可奸，全看站主經營的方式了！Migi經營的是一個專業網站，我極力表現出自己非常專業地一面，讓大家信任我，進而願意認識ISDN。但也有一陣子，爲了擔心大家對ISDN產生畏懼，我就把版面改換得較爲輕鬆活潑，企圖吸引一些非專業人士親近ISDN。於是那一陣子，在我網站上可以找到娛樂、交友、談天說地……等各式輕鬆有趣的資訊。不過最近我又將改變策略了喔，等著瞧吧！

我在演講時，通常正式場合會穿著正式服裝參與；輕鬆的聚會，服裝也會跟著輕鬆起來。一次我到扶輪社青年社團演講，事前得知參與者都將是「年輕人」，本打算穿著辣妹裝赴會，但想想再辣也拼不過那些年輕女孩兒了，人要服老。於是當天我成熟赴會，雖然當了一晚的「Migi姐」，可是覺得值得。還有一次，到一家園區公司爲該公司的研發人員介紹ISDN應用，一時興起穿著輕鬆前往（要是參加者是公司的主管們，我就不會這麼做了），我可以感覺到課程一開始時，學員的眼光閃爍著不信任，但一、二小時後，大家的表情又不一樣了……，而我的眼睛中閃爍著得意……。這是一個專業又不失親切的研討會。

SOHO應該要多聽、多看、多學，但是絕對要有自己的想法。若想在Internet上完全複製成功的案例，機率實在不大。別人的話都只是建議，SOHO自己要知道方向在哪裡?其實有時「固執」與「主觀」對於SOHO而言可能是優點，不見得是缺點。但是過與不及，請自行判斷。

不是每件事做對了，就會贏

我的脾氣不是很好，好惡分明，過於明辨是非。國小時候，會因爲覺得老師給某位同學不公平待遇，而去跟老師據理力爭。事後爲了這件事，老師還到我家跟我媽媽抱怨我太不給他面子，媽媽趕緊賠不是。不過我母親也是個是非分明的人，雖然要我不可得理不饒人，但倒也表現出對老師的做法不認同（希望那位老師沒看到這篇，不過基本上我還是很尊敬該老師，因爲他的教育方式給我們很大的思考空間）。嘻嘻，有其母必有其女。

和同學相處，我的俠女個性倒是沒有造成我的困擾，可是進入社會工作就不同了。當我覺得主管有問題，實在無法忍住不跟他說。或是當我覺得自己很優秀，可是受到褒獎的竟然是別人時，我就是有一股按耐不了的氣。對於不合理的事情，以我的個性我一定會強出頭，但是以我的資歷，卻輪不到我出頭。以前，我實在無法理解爲何有人的肚子裡可以放那麼多話悶著，現在想想當時心中的那股鬱悶，會覺得自己好笑。

《銀河飛龍》（Star Trek）是我最喜歡的影集，裡面有一個百科少校（Android Data）是位生化機器人。一天艦上來了位人類的下棋高手，大家就請百科少校與高手對奕，結果百科少校輸了，機器人輸給人類。百科少校因此懷疑自己的內建程式有問題，他認爲自己完全依照邏輯下棋，怎麼可能會輸？因此向畢凱艦長（Captain Picard）請假，以避免自己程式有問題，會造成誤判而危及艦艇與艦上人類安全。休假期間，百科少校不斷地自我檢查，反而越困惑，因爲內建程式一點問題都沒有。當時，剛好船艦與到緊急情況，需要百科少校，但百科仍然沒有勇氣擔綱。畢凱艦長便告訴百科「不是每件事做對了，就會贏。」於是百科想通了，故事有了好結局。而我也同時想通了。

是啊！「不是每件事做對了，就會贏。」

不是我對了，人家就錯。每個人都有自己的邏輯。我開始認同別人的邏輯。即使自己在每一個環節都做對了，也不一定能達成想要的目的。有時候，我只要確定自己沒做錯事，至於結果如何就不要太介意了。由於看清了，我開始接受別人的邏輯，也允許兩種以上的邏輯並行不悖。發現自己在與人相處上，有相當的進步。

因爲有這樣的領悟，有一陣子常常講這個故事，但是我發現別人不見得覺得這句話有何精彩之處。當然在開始時有些失望，後來發現每個需要的一句話是不同的，因爲每個人都不一樣。

０４ 創意？不！SOHO需要實現創意的能力

SOHO不是行業

Migi因算命而毅然決然地加入SOHO一族，然而算命的沒那麼跟得上時代潮流，他只說我適於「自行創業」，而且適合寫作以及電腦業。至於該怎麼規劃自己的SOHO生涯，算命先生可就沒指示了！

SOHO不是行業，SOHO只是表示自己得負起所有事情的成敗，決策自己下、輸贏自己扛。可不要只因爲上過Internet就認爲自己可以當網路SOHO了！

首先，你得找到一、兩道「招牌菜」，才能神勇決戰Internet。如果純粹是爲了興趣，在Internet上開個站，交朋友、娛樂大家、滿足自己的表演慾和成就感。對於這些「非職業」的網路族們，基本上大家應該是站在欣賞的、鼓勵的、分享的角度，來看待這些網站。相信大多數的網友都是心存感謝，感謝這些讓Internet更繽紛活潑的「非營利型」站台的擁有者。此時，站台主人搬出來的菜，只要可以吃飽，其實客人也不會多做要求。喜歡吃就吃，不喜歡吃就換一家，大家隨性，順其自然。

但是，如果已被冠上SOHO的頭銜，可就是一個「職業」的網路SOHO族。這時候大家對於「招牌菜」評估標準就會嚴苛得多了，不但要好吃，還得色、香、味俱全。如果您是在兩、三年前下海當SOHO，「招牌菜」也許可以不用太卓越，因爲當時網路上競爭人口少。可是現在可不同囉！Internet上一流廚子、帶著順手的菜刀、鍋碗瓢盆，早已闖出字號。有專業的醫師群、律師群、藝術家群、……。沒有兩把刷子，如何能在茫茫網海中，讓自己的匾額成爲金字招牌呢？

由於Migi有以上的想法，當初在選擇自己在Internet的主打商品時，經過橫向、縱向、水平、逆向……思考後，選擇了ISDN作爲上網創業的招牌菜。

Niche利基

什麼?ISDN是啥?沒聽過!

哈!沒聽過最好!如果我能讓大多數的人都聽過ISDN，嘿嘿!會不會因此就大紅大紫啊?於是Migi趕快上蕃薯藤查查看台灣的ISDN網站。果然，當時沒有ISDN專業網站，然後轉往怪獸窩、SeedNET、HiNET……等各大Inernet上的搜尋引擎仔細找找。^_^，去年這個時候台灣的Internet上沒有ISDN的專業網站。Ya! 我的機會來囉!於是Migi就打著「台灣首家專業ISDN資訊站Migi's ISDN SHOP」的旗幟，上網打拼。

我選擇ISDN的理由

—ISDN我懂，台灣對於ISDN應用比我懂的人不多。懂ISDN 像我這樣文筆尚稱流暢的人就更少了。

—想讓ISDN跟Migi劃上等號。

名詞一點通

Search Engine

搜尋引擎

搜尋引擎是網路上的一些站台，透過有系統的分類與檢索功能，幫助網友從浩瀚網海中，找到自己想要的資料。各網站的站主們爲了讓大家能找得到自己，通常也會主動登錄!

—市場上競爭者少。
—ISDN本身是不錯的技術，值得推薦給Modem族。
—ISDN適於應用在Internet上，也非常適合在網路上行銷。
—跟台灣許多的ISDN廠商非常熟。
—國內ISDN相關資料不多……

ISDN正是我網路創業的Niche（利基），也就是我的「招牌菜」。如果想當SOHO，自己的Niche在哪裡？請仔細評估，但不要用我評估ISDN的理由評估自己的Niche，我的理由可不是規則。孫大偉說：「規則是給平凡人用的」。想成爲網路SOHO的人通常應該是自命不凡的吧！所謂的Niche，請不要狹隘它了。不是一種特定的技術才能當作Niche，例如您跟媒體非常熟又會花言巧語，說不定你可以成爲一個專業的網路公關！我常在想如果有人能夠針對第四台的商品做詳細且專業的評估，當然得公正且具公信力，定期在網路上公報第四台電視購物的採購建議與注意事項，相信一定可以吸引許多訪客。

自己的Niche在哪裡？其實不是那麼難找，但是容易忽略。找幾個心情好的下午或夜裡，花四、五個小時，仔細研究一下別人的網站，看看別人的Niche，跟自己的專長是否有關連性。如果可以，評估一下自己是否能超越別人，

這類站台最具知名度的便是Yahoo（www.yahoo.com），國內最重要的搜尋引擎則是蕃薯藤（taiwan.yam.org.tw/b5/yam/），其他如怪獸窩（www.seed.net.tw/~seedw003/docs/Welcome.html）也值得一去。

如果有自信，可能就找到自己的Niche囉！種花、養魚、汽車修護、教育、寵物、調酒、持家祕方、烹飪……，太多東西可以成爲自己的招牌菜了，只是是不是招牌菜，還要客戶品嚐才能認定，也說不定是「砸牌菜」。

再給大家一些靈感罷，有人對於電動玩具很有研究，常在網路上介紹各類電玩的優缺點，由於見解精闢，頗得網友的愛戴，許多電玩廠商推出新遊戲時，總不忘去拜碼頭一番，最後成爲電玩大亨。家父退休後，老友逐漸凋零，找不到棋力相當的棋友。我最近就想一個點子，請家父用Migi的名字到各個下棋廳挑站，一方面幫我做廣告，另一方面如果闖出名號，台灣網路上說不定多了個SOHO爺爺。再強調一次，家父的棋藝不差，我們與網友交戰多次，發現家父有稱霸網路象棋界的機會，棋藝才會成爲家父的Niche。有任何壓箱絕活，都可以上網一展伸手。咦！「行行出狀元」竟在Internet上實現了！

張哲生是王菲迷，張哲生的點心餅（jc.dj.net.tw/cookie）中，不但可以找到王菲的相關資訊，還有許多最新的藝文消息。經營這樣一個不務正業的網站，看似沒什麼出路，但是最近哲生接受上華唱片委託，爲上華設計網頁（www.whatsmusic.com.tw）。

簡而言之，尋找Niche可以從以下方向考慮

1. 自己的專業度。
2. 市場的需求量。
3. 競爭對手。
4. 如果是網路SOHO，應考慮該自己的Niche是否適合在Internet 上發揮。

當您找到自己的Niche後可要仔細評估喔，也許可以請教朋友、長輩。但是諮詢有經驗的網路SOHO，可能比較實際，因爲網路SOHO這類行業實在太新，即使經驗豐富的工作前輩也不見得對於這一行有真正的認識。可是，沒有認識的網路族該怎麼辦？其實Internet上處處是溫情，隨便找個人問問，通常都可以得到許多令人噴淚的建議。不過請切記態度要誠懇，而且自己要想過再問別人。Migi曾收到一封信非常簡潔的信，「Migi。想當SOHO。請建議。」當時，因爲當時較忙所以委婉回答說資料不全無法建議。要是有時間，一定修書一封狠狠教訓一番。當時真的有受侮辱的感覺……，對不起！我好像太情緒化些。SOHO當久了，好像會比較情緒化，也提供大家參考。

創意？不！SOHO需要的是，實現創意的能力

找到自己的Niche了，高興麼？是不是覺得自己很有創意？開始得意了嗎？沒關係，是該高興的。有人想當網路廚師、有人想當網路媽咪、有人是網路警察、有人是網路房地產大亨……。有創意真的很好，總是一個好的開始。我的創意是「透過網路行銷，將ＩＳＤＮ普及於網路族中，有朝一日ＩＳＤＮ大紅大紫，我就會在台灣通訊界佔有一席之地」，因爲在台灣以前沒人做過，這就是我的創意。

學生是創意最多的一個族群，尤其在Internet風行之後，常可以看到畢業生放棄應徵傳統的上班族工作，帶著豐沛的創意上網創業。其中當然有人成功，但是爲數不多。大多數的年輕ＳＯＨＯ們，最後總是深陷工作之中，得不到自己認爲該得到的利潤，而進退兩難。因爲他們忘記掂掂自己實現創意的能力。

很多人以爲只要有了犀利的創見，生意便會如雪片般飛來。

名詞一點通

ＧＵＩ(Graphical User Interface)圖形使用者界面。

許多人聽過ＤＯＳ吧！在那個時代，想要與電腦對話，須透過鍵入一大堆難以記住的指令。直到ＧＵＩ出現，與電腦說話只

話說一九七〇年代早期，全錄公司（目前常見商品爲影印機）的帕羅阿圖（Palo Alto）研究中心裡的英雄好漢們，發明了第一套具備GUI（Graphical User Interface，圖形使用者界面）的電腦。結果全錄公司有因爲這個創意而賺到大筆的鈔票嗎？實則不然，這個創意在蘋果公司的史迪夫．傑柏（Steve Jobs）與微軟公司的比爾．蓋茲（Bill Gates）手中實現。也就是我們所熟知的麥金塔（MAC）電腦及微軟的視窗系統（Microsoft Windows）。

來自於全錄Palo Alto的創意，最後被蘋果電腦與微軟公司所實現，誰是真正的贏家？創意，算什麼？真正的關鍵是在是否有實現創意的能力！

該如何實現自己的創意呢？呵呵，^_^。不好意思，在下在以前上班族時代，專長就是做企劃，創意不見得很多，可是無中生有地讓創意成真，可剛好就是我過去七年來所受的訓練。做專業企劃的人，常常要把創意的功勞放在老闆身上，自己扛起實現創意的責任，否則老闆會沒事做。所以在我當初決定帶著ISDN上網一展身手時，同時也帶著一份創業藍圖！以前當上班族時，有任何的構想一定得提出一份圖文並茂的企劃案（Proposal），呈送老闆批示。SOHO族最痛快的事，便是將最實際創業構想放在腦袋裡，自己想通就好，不必像從前得絞盡腦汁把想法轉爲不能太深奧但也不可膚淺的報告，只爲說服別

需要透過滑鼠東點西點即可。麥金塔的圖形界面、微軟 Windows系列，如Windows、Windows 95、Windows NT，推出後，真的讓電腦變得更容易了。

人。

可是把所有計畫都放在腦袋裡，也有缺點，現在要我把我當初的企劃構想拿出來，可就沒法度了。以下列出當初於一九九六年六月個人的創業藍圖之重點，以供參考。

工作室名稱：

Migi's™ ISDN SHOP，中文名字日後再說，（Migi's™ 這個名字有前瞻性，將來可以擴充。事實上，現在網路上已有Migi's™ Dog Shop，Migi's™ SOHO Shop……。Migi's™ 於當時 就已登記為註冊商標。）

經營項目：

1.透過網路銷售ISDN設備與服務。

2.如果未來知名度夠，亦可成為國內ISDN廠商的顧問。

3.經營項目，邊做邊觀察、邊觀察邊調整。

主要目標客戶：

第一目標群：已用數據機上網的人，對Internet已有相當程度了解，越依賴Internet的人，對於Internet的烏龜速度越無法忍受，他們應該就是ISDN的潛力客户。

第二目標群：經濟力較為寬鬆的個人用户。

第三目標群：公司用户。

主要行銷策略：

1.專業形象。

2.高品質的服務：大部分人對於網路購物不具信心。越是如此，高品質的服務越容易凸顯。

3.強調個人特色：無論寫書、雜誌，接受專訪……，都用Migi這個名字，個人工作室，最重要就是行銷自己。

4.維持一定的利潤：前兩年絕不薄利多銷，因為薄利不一定能多銷，尤其ISDN期短內要多銷，希望不大，可是薄利會降低服務品質。可是薄利多銷對於其他SOHO族們，可能是他們的成功關鍵，是或不是，端看自己經營方向了！

5.出外靠朋友：其實這本是天性，我依賴心很重。但後來卻發現這是我能在網路上創業有一點小小成績的重要關鍵，詳情後述。

主要工作項目：

1. 架設自己的個人網站，建立一個屬於自己的虛擬店鋪。這個虛擬店鋪無須僱請店員，卻可在網路上二十四小時營業。

2. 撰寫國內第一本探討ISDN在Internet上應用的書籍，目的：

・建立自己專業的形象。

・透過書本，告訴大家什麼是ISDN

・更充實自己ISDN相關專業知識。

・透過它，廣告自己的網址與E-mail

（寫書，多少也能有點收入吧！）

3. 幫國內專業雜誌撰寫ISDN文章。

・免費行銷自己的一種方式。

・建立自己專業的形象。

・與媒體建立關係。

・稿費也不無小補啊！

4. 要讓ISDN廠商知道Migi's ISDN Shop

・穩固原先已經熟識的ISDN廠商。

・定期發E-mail、傳真與各式資訊給ISDN廠商。

・一點點欲擒故縱。

5. 透過演講推廣ISDN，並把自己的觸角延伸至廣播、有線電視有朝一日……（理想太大了，不好意思說出口）。

6. 除了ISDN外，在網站提供各種資訊，一來是自己的興趣，二來可吸引更多人來到Migi's Shop。另一方面，藉此找出Migi's Shop的下個主打商品。

以上就是Migi's Shop實踐草案，雖然日後眞正的做法與想法有一些出入，大致上算是依照這個藍圖進行。創意之外，ＳＯＨＯ還需要一張可執行的藍圖，可千萬不要忘記喔！

由於以前Migi我的工作是做專案企劃，對我而言，設計計畫藍圖、計畫的可行性評估、如何透過規劃技巧縮短計畫執行時間、成本分析、效益分析等等工作，只需靠本能反應，完全可以駕輕就熟幫自己找到答案。但對於大多數打算當ＳＯＨＯ的人而言，這個答案要找出來可就不見得容易喔，如何能夠在創業中趨吉避兇，希望這本書能夠給準ＳＯＨＯ們，帶來一些靈感。

附註一：

Migi's Shop一年重要工作記錄

ISDN籌備期

1996年5月	Migi開始為光碟月刊撰寫ISDN專欄
1996年6月	正式在家工作
1996年6－8月	Migi專心寫書、製作自己網路首頁
1996年8月	哈洛公司免費提供虛擬主機

ISDN推出期

1996年9月	Migi新書【當ISDN遇見Internet】上市，第三波圖書出版
1996年9月	Migi's ISDN Shop網站正式開幕
1996年9月	透過Inertnert賣出第一片ISDN卡給台中的一位鐵路警察
1996年10月	Migi開始為Run!PC、網路資訊撰寫ISDN文章，自此Migi為十多家報社、雜誌社撰寫文章。其中包含聯合報、中國時報、中央日報、民生報、聯合晚報、網路通訊、CompuLife Today、.net ……。

ISDN收入平衡期

1996年11月	該月收入開始超過Migi原先上班族的月薪

1996年11月　Migi主辦ISDN夢幻研討會，在火車站附近Nova資訊廣場舉行

1996年12月　Migi擁有自己的網址www. migi.com.tw，沙易資訊（www.cys.hinet.net）免費提供虛擬主機

1997年1月　Migi在台灣全民電台介紹ISDN

1997年1月　Migi接受WebTV專訪（Migi第一次上電視喔！）

1997年2月　與宏碁科技、連碁科技、聯合晚報合作推出Migi's ISDN 網路飆車餐

1997年3月　Migi's Shop終於有中文名字了：米姬·嚇普

ISDN穩定期＋ＳＯＨＯ籌備期

1997年3-6月　多家雜誌、報紙、廣播、電視介紹Migi。Migi的收入也更趨穩定

1997年6月　Migi全心撰寫第二本書

1997年7月　Migi 全新改寫網路首頁，除ISDN 外，ＳＯＨＯ 相關介紹將為米姬·嚇普另一主打資訊

ＳＯＨＯ推出期＋ISDN第二波行動期

1997年8月　請拭目以待

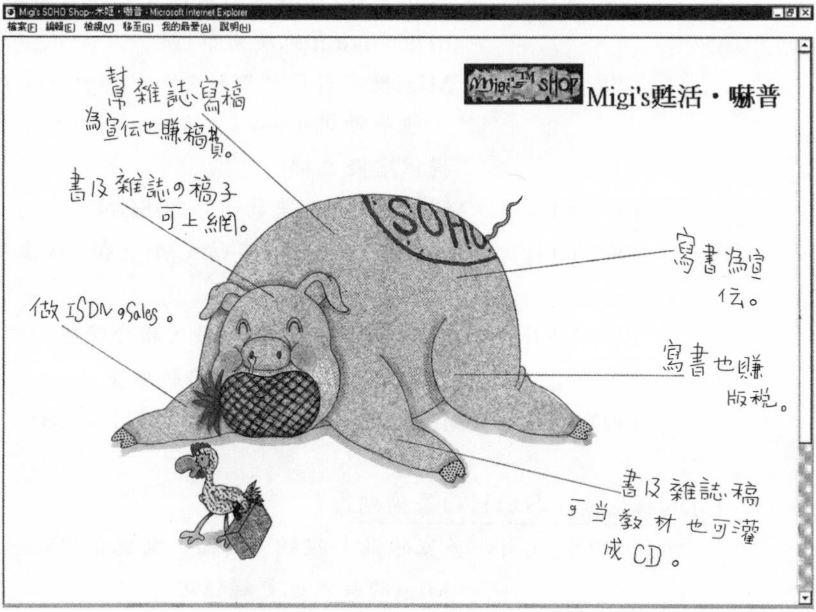

編按：

企業流行多角經營，網路SOHO也要多角化經營，曾聽朋友說，如果他在網路上開花店，他除了賣水果、賣卡片、賣蛋糕、賣藥、賣種子之外，香煙、檳榔還有飲料，他也一定不漏。

05
爲自己搭建新舞台—美麗的Homepage

當ISDN遇見Internet

如何擁有自己的網路商店，而又該如何裝潢這個虛擬店鋪。這個看得著，摸不到的小店鋪，是ＳＯＨＯ對外的櫥窗，擁有、規劃、裝潢自己的小店鋪？可是網路ＳＯＨＯ創業的第一步，跨出第一步後，就可以擁有網路ＳＯＨＯ的頭銜喔。

還記得我去算命的事嗎？去同學家時不只我一人，還有一位同學的同學Monica也在場。在等待同學的父親算命時，我和Monica 閒聊，那是我們的第一次見面與談話，那次的談話對於我與她，都有了如算命般的影響。因爲她對出版雜誌業很熟，所以，之後是由她幫我介紹出書的出版社第三波，我的書才得以順利出版。對於她我也有所回饋，因爲後來她到了我離開的那家公司工作。

一直覺得文字很重要，即使在電視、電影、廣播等更具聲光效果的強勢媒體環伺下，總覺得還是文字的影響深遠。或許是爲了商業考量吧，其他的媒體對某種現象與技術要做到深入探討實在很難，因爲時間的限制。可是一本書，不但可以傳遞完整有系統的訊息給讀者，對於自己更是一大收穫。常跟朋友說，自己覺得只要書寫出來了，對自己就交代得過去，即使當不了成功的ＳＯＨＯ，也幫自己寫了一本漂亮的履歷表。雖然這種說法有爲我將來萬一做不下去回籠上班鋪路的嫌疑，但我也的確這麼想著。於是我下海的第一件工作便是寫書，寫我的第一本書《當ISDN遇見Internet》。

如果說這本書是我ＳＯＨＯ小事業的成功開始，一點也不爲過。因爲寫書，我把過去對於ISDN了解的不足面補全了。因爲寫書，我向ISDN廠商詢問相關資訊多能得到善意回應，也爲日後合作關係建立起穩固互惠的基礎。因爲寫書，自己的專業形象得以建立，而這件事對於推行ISDN這個冷門技術，格外重要。因爲寫書，我網頁中的技術資料可以源源不斷。因爲寫書，認識更多的朋友，媒體、ＳＯＨＯ、讀者、廠商，這些人在日後都給我很大的協助。因爲寫書，讓ISDN與Migi畫上等號。

不過寫書可是件辛苦事，整天面對電腦螢幕ㄎㄧㄎㄧㄎㄡㄎㄡ，既傷眼、傷手又傷腦。尤其當自己腸枯思竭地寫了三百五十頁內容打算交稿時，出版社竟然要求再變出一百頁內容時，那種痛苦，至今想到還覺可怖！我一直有一個信念，如果自己對於自己作品不滿意的話，別人更不可能滿意，因爲別人的眼睛通常會更挑剔。所以新加入的一百頁內容，我不想以灌水的方式欺騙讀者，可是那就成爲我的惡夢。在自己已經掏心掏肺地將所學完全寫在書上後，還要再寫一百頁的資料……。（天哪！希望這本《穿著睡衣賺錢的女人》不要再遭遇同樣的惡夢）。不過當然最後也在觀摩各種書籍、網站、產品……等各項資訊後，我的第一本書順利交稿。也讓我對於ISDN這項技術的掌握度大幅提升，因而更有勇氣上網面對眾家高手。

寫書雖然有辛苦的一面，其間的快樂事也不少。除了廠商的熱情協助之外，去澳洲玩而認識的好朋友劉亦芳免費提供三十八則生動有趣的漫畫，讓內容更爲生動。我常常收到讀者的E-mail，當然不忘禮貌性地讚美我書寫得好，但也都會更誠心地讚嘆漫畫活潑有趣。還有以前的同事，Becca的校正，也功不可沒。寫到此，想起算命師說，我命中貴人忒多，這只是事情的開始，本書中將會提及多位貴人，如果是心胸狹窄的人請千萬不要繼續看這本書，會忌妒我喔！^___^

題外話：

由於在家工作，電視都開著，常常會給第四台購物頻道給騙去說！

^_^;

Migi's™ ISDN Shop

如何擁有一個自己的網路首頁呢?難嗎?貴嗎?複雜嗎?雲林有位七十六歲老人擁有一個內容非常豐富的個人首頁(www.seed.net.tw/liwon/james.html)。國內最爲著名的搜尋引擎——蕃薯藤裡，可以找到許多中、小學生的個人網站。好歹我也是工程師出身，難道我會輸給老爺爺與小朋友?

基於以上理由，我認爲首頁的設計應該不難。其實工作這些年，常常被指派完成一些Mission Impossible（不可能之任務），於是有一些體認，其實世上難的事不多，沒有做的事比較多。現在除非要我去選美或是參加奧運，其他的事似乎也沒什麼難。不過話說回來，想歸想，當時我還是不知如何擁有自己的網路首頁。看書是求知的最好方法，佐以寫信詢問Internet上的前輩、打電話詢問各個ISP，以及命中該出現的貴人們都準時報到，於是Internet上便出現一個Migi's (TM) ISDN Shop。

大致而言，架設自己網站需要有以下動作，提供大家參考：

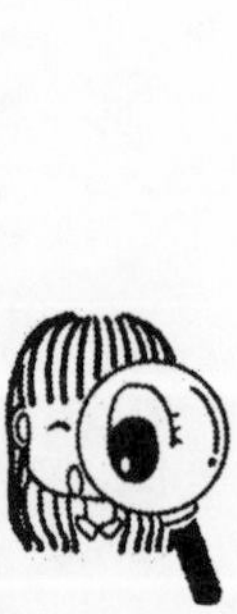

名詞一點通

ISP（Internet Service Provider）

網路服務提供者

上Internet必須先找到一個ISP，申請一個上網帳號，才能進入Internet的世界。

國內最大的ISP，便是中華電信所經營的HiNET（www.hinet.ne

A. 找店面（租用虛擬主機）

做生意找到一個適當的店鋪位置通常是繼籌措資金之後，接下來的另一件大事。如何在Internet上，找到物美價廉、人潮洶湧的店鋪呢？一種方式，自己買地蓋房子、配置水電、裝潢佈置一手包辦，架構一個完全屬於自己的商店。這樣的方式，投資較大、風險也高，不過因此學會蓋房子與水電工程，也可算是一種收穫。而網路SOHO若要選擇這樣的大工程的創業方式，需要自己買軟硬體，自行架設網站主機，凡事自己來，相信會學到不少東西。

不過我們也可以有另一種做法，就是在已經完全規劃好的商場中，租一間店鋪。這時慎選商場變得非常重要，除了租金多寡，該商場是否提供保全服務，客戶服務中心、客戶休息區、甚至是否提供我們客戶調查資料……。這樣的開店方式，是租用虛擬主機的方式。目前在Internet上，可以以一年幾千元到一個月幾千元不等的價格租用到各種不同的虛擬商店。在租用時，可以就以下原則加以考量。

1. 商店對外交通狀況（頻寬）
2. 是否可以掛自己的招牌（自己的網域名稱，如www.migi.com.tw）

t），此外如SeedNET（www.seed.net.tw）、Ht.NET（www.ht.net.tw）、阿波羅（www.seeder.net.tw）……都是著名的ISP。

3.安全措施是否齊全（網路安全可是很重要的，哪一天首頁被放美女圖就知道了。）

4.店面大小（所給的硬碟空間，也就說允許自己存放多少資料於虛擬主機中）

5.是否提供客戶休息區（例如聊天室、留言版）

6.是否提供客戶調查報告（透過報告可以了解自己網頁中最受歡迎的版面、訪客大都來自何方、訪客大都經由哪一些網站而來……）

7.其他附加功能（例如CGI、Java、各種資料庫……）

我當初可選擇自行架設二十四小時網路主機，但是考慮由於自行架設的網站，每月通訊費用將超過NT$20,000，還得增購軟硬體與自行維護電腦設備，工程龐大，故不予考慮。在詢問多家ISP後，發現租用虛擬主機（Virtual Server），每月數千元即可解決，ISP還會提供各種服務，使得網頁更活潑。尤其詢問過程中，好心的哈洛公司阿撒力主動免費提供我虛擬主機，還教導基本架設網頁技巧，至今仍感激在心。爾後，沙易資訊（www.cys.hinet.net）不但提供我免費虛擬主機，還協助申請了Migi's Shop專屬的網址，www.migi.com.tw，更讓Migi感動地噴淚不止，啊，糟糕！書桌淹水了。

B.店內佈置（設計網頁）

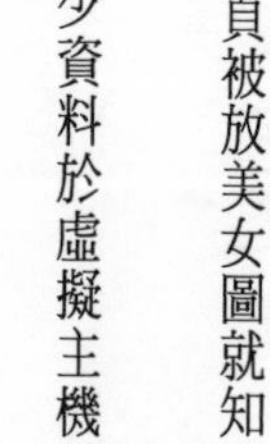

名詞一點通

Virtual Server

虛擬主機

ISP除了提供客戶上網帳號外，還提供虛擬主機的租用服務。如果要把網頁資料放在自己家裡的電腦上，爲了要讓Internet的網友隨時能夠抓取資料，家中的電腦須二十四小時連上Internet

有了一間虛擬店舖，店內的擺設與裝潢可就得靠自己了。這就是網頁設計。

學習網頁設計，最好先學會一種HTML語法，基本上這不是一個很難理解的語法。買本書看看，再偷偷看看別人網頁的原始檔，很快可以學會的，有問題隨便找一個喜歡的網站，寫封信虛心求教，則會有更大收穫。如果還是覺得這樣不踏實，也可以找些課程上上，大約十八小時的課程，要把HTML語言學會可是輕而易舉。還有市面上有許多應用程式可以幫助大家設計網頁其實也算好用，如Navigator Gold、Internet Assitance、Front Page 97。但是我還是建議網站主人要對HTML有一些概念，設計出的網頁比較能與自己想法吻合。我的網頁只花了我兩天的時間自習學習設計出來的，之後再邊學邊做。除了看書，網路上到處可以學到HTML語法，有問題還可以請教網友，也是學習的好途徑。HTML學了就會，不用擔心太難。

除了HTML語法，其他如CGI、Java與Java Scrip，也都是大家耳熟能詳的網頁設計輔助工具。在此向大家報告，Migi完全不會CGI、Java與Java Scrip, Migi's Shop網頁上的相關功能，全都是善心人士捐贈，或由沙易資訊提供。也是就說選擇一個能提供許多功能的虛擬主機，可以減少奮鬥好一陣子。

。這樣的做法價格昂貴，本身亦要投入相當多的精力維護電腦。虛擬主機便是ISP把自己二十四小時連在Internet上的電腦，分租一些空間出來，客戶租用了虛擬主機，將自己網頁資料存放該處，網友隨時就可上網查詢資料。虛擬主機價格便宜，通常ISP還會提供各式程式與功能，如線上談天、留言板、統計圖表等。

網站是否活潑雖然重要，但沒必要一味地展現設計功力，實際上內容是否充實，才是吸引人的關鍵。大致說來，Migi's Shop 在網頁設計上，沒有用太多程式技巧。可是內容部份，Migi可以驕傲地說，Migi's ISDN Shop是ISDN中文資訊最豐富的網站。可是如果您是專門幫人設計網站的ＳＯＨＯ，我個人認爲網站的精彩度就很重要了。老話一句，全看個人的經營方式。

當然，還有一種更快與方便的做法，便是花錢請人設計。目前由於幫人設計網站的ＳＯＨＯ實在太多，因此常可以以經濟實惠的價錢找到專家幫您規劃自己的網路商店。

C. 細部裝璜（圖形設計）

網路商店又可以稱爲虛擬店鋪。擁有了一間二十四小時營業的店鋪，如何粧點自己的店鋪，應該是每位商店老闆相當關心的事吧！有一家茶館，茶館的中庭有一棵玉蘭花的樹，女老闆蘭心蕙質，總能在適當地方放置合宜的小盆栽。置身於綠意盎然中，但又沒有叢林般的壓迫感的清幽中，淡淡清香裡啜飲一口好茶，這樣的環境中誰還顧得茶館外的是是非非呢？這間玉蘭花茶館，是小時候的一個鄰居家，不對外營業，只有鄰居好友才能光臨。現在那個位址是木柵

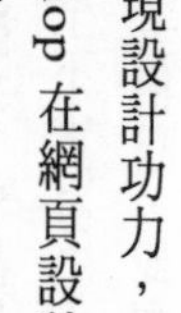

名詞一點通

Domain Name

網域名稱

每一個網站在網路上都有一個獨一無二的地址，我們稱爲IP（Internet Protocol）位址，如米姬・嚇普的IP位址是203.66.241.128基本上這個地址是由一串數字所組成，不便於記憶。因此，有

動物園旁的一個停車場。

所有有香味的花中，玉蘭花的香最不具侵略性。其實一個不具侵略性的網頁，常常能吸引更多人來拜訪。一個主要的圖案，搭配許多適合的小圖案。這樣的組合，是我比較喜歡的佈置方式。不過當然並沒有強制性的規定，網頁上圖案的鋪陳應該如何，每個版主都可以有自己的想法。不過圖形對於網頁的風格塑造，的確有相當大的影響。

其實HTML與虛擬主機這兩件事對我而言還算好解決，最麻煩的是圖形設計。雖然說網站內容是最重要的，但是如果從頭至尾都是文字，那對網友而言真的是個折磨。由於本身沒受過美工訓練加上對於電腦繪圖工具不熟悉，要變出一些好看的圖形還真不容易。不過後來發現網路上好心人很多，免費提供各式各樣的免費圖庫，任君挑選（歡迎到我網站參觀）。倒也讓我的網頁生動活潑又有趣。不我過最後還是學會一些簡單的繪圖工具，目的是修改圖形，讓圖形更能符合自己的需求。例如拿到一隻可愛的小動物圖片，我喜歡幫牠們加個小辮子，或讓牠們穿上裙子，比較能凸顯我是女生。

D. 商品（豐富的內容）

所謂的Domain Name出現，如www.migi.com.tw。

這個名字必須經過註冊，Internet上的訪客才能透過Domain Name找到你。至於如何註冊，如果是租用虛擬主機，直接透過主機提供者註冊，若自行架設主機，也可請提供IP的ISP代爲註冊。

商店裡有華麗、典雅或是超現代的裝潢固然重要，可是一味注重裝潢而忽略商品的競爭性就不行了。裝潢爲了吸引客戶，真正能產生利潤的還是主打商品，也是「招牌菜」。理想固然重要，ＳＯＨＯ畢竟還是應以營利爲目的。如何讓商品具有吸引力，讓客戶愛不釋手，願意拿出信用卡或跑一趟郵局劃撥購買商品，全看自己網站內容是否具有說服力。網站主人是否認真，其實網友只要花個十來分鐘便可以了解，人說認真的女人最美麗，我也認爲認真的ＳＯＨＯ族，才有機會成功。

我心目中第一名的網站，是一個叫做HTML Goodies（www.htmlgoodies.com/tutors.html）的網頁。這個網站專門教授網頁設計的，而裡面有系統地把相關資訊蒐集、整理妥當。如果您看得懂英文，而且想學首頁設計，千萬不可錯過。

由於寫書的關係，對於ISDN相關資料我已經收集很多了，再加上對一些國外網站作了連結，以及後來爲雜誌所寫的文章，米姬·嚇普完全沒有缺乏內容的顧慮，這叫做先苦後甘。如果說Migi's ISDN Shop是Internet上中文ISDN資訊最多的網站，實在沒有在吹牛喔！^_^

觀察

市面上可以看到各式各樣的書介紹Internet，但實用的Internet 觀察報告倒是不多。其實許多人對於Internet有一種幻想，認爲這裡是展現創意的好地方。可是上網走一遭，便發現自己其實只是網海中的一粟，乏人問津。

如果沒有花時間親近Internet，並不建議貿然投入網路ＳＯＨＯ的行列中。其實我當初會花兩個月的時間寫書，另一方面我也花了兩個月觀察Internet到底是什麼！我能在Internet上做些什麼？ISDN 在Internet上能夠有什麼發展？上別人的站覺得別人有何不足？吸引你常去的網站，有什麼特色？這些問題的答案，也許您可以從別人的口中得知，但是如果您能花一點時間去了解，相信能更有收穫。

正式成爲ＳＯＨＯ之後，我上網的時間更多了，因爲要透過Internet 了解同行、夥伴、競爭對手、客戶以及新趨勢。我沒事會到聊天網站閒聊，除了休息一下，也想了解流連Internet的人的想法。Internet歷史實在是不長，加上詭譎多變，不能單靠書報雜誌來了解Internet，一定要置身其中才能找到自己在Internet上的方向。

06 利字放兩旁，道義擺中間

越算越虧

ＳＯＨＯ族真要斤斤計較的話，我認爲算得越清楚虧得越多，以前上班每天八小時、十小時，但自從當了ＳＯＨＯ之後，吃飯時、睡覺前、泡在浴缸裡、走路、坐車……，腦袋幾乎完全都被工作佔據住。這種工時要怎麼算？我在家工作，跟狗兒朝夕相處，可是咕嘰咕嘰狗狗的時間卻比以前來得少。當初當ＳＯＨＯ的一個重要理由，可以煮晚飯給老公吃，可是現在老公帶便當回來給我吃的機會比較多。我對於植物向來有一份情感，雖然不太善於整理家務，但以前家中始終保持綠意盎然，我的拖鞋蘭、蝴蝶蘭與石斛蘭，每年也總是以美麗燦爛報答我的關懷。但是做了ＳＯＨＯ這一年來，家中的植物似乎也感覺到我的關心不在。植物是敏感的，他知道你有沒有在欣賞它，植物也是心狠手辣的，它也知道要怎麼報復主人。

長時間坐在電腦前看E-mail、回E-mail、更新網頁、寫稿……。這個工作雖然是面對冷冰冰的電腦，但由於電腦世界裡五彩繽紛，我絲毫不會感覺無聊，反倒覺得興致勃勃。不過有些事是無法忽略的，我的手腕因打字而酸痛，眼睛

因長時間看螢幕而泛紅。這還不打緊，最近常讓我困擾的是，該不該到媚登峰走一趟？我的小腹……。>_<

我當了Migi's ISDN Shop的老闆之後，常常有人調侃我是身兼數職。什麼打鐘兼校長啦、老闆兼工友一類的頭銜，是大家最常拿來描述一人公司的負責人的形容詞。其實我這家一人公司還有另一位職銜更多的義工，那就是外子，他是Migi's ISDN Shop的顧問、工友、測試員、保全、快遞、司機、心理輔導師、按摩師、客戶（註：他也跟我買了一台ISDN設備）、總機……，而且沒有薪水、加班費與年終獎金。所謂義工，就是Migi's ISDN Shop完全不提供他福利，可是他也得盡心盡力。

每天在家工作，水電、瓦斯、房租卻都不用分攤，夏天又到了，冷氣費又是一筆可觀的支出。我的工作空間約二十五坪，若真的以新竹地區的租金來看，雖不如台北那麼昂貴，可也是一筆沈重的負擔喔！以我個人而言，由於原本我們就是追求最新電腦設備的家庭，也就說即使我不當ＳＯＨＯ，原本家中用在電腦上汰舊換新的支出，也都保持一定比例。因此我未將電腦折舊換新的費用當作我的創業成本，否則又爲賺錢一路鋪下更多坎坷。

所以囉！這筆帳要怎麼算呢？常常泡在浴缸裡想工作，還真有一卡車的問題：要不要給自己加班費？端午節要不要發獎金給自己？家中的二十五坪工作空間，要不要跟自己計較？心愛的拖鞋蘭往生了，可不是花個幾百元到花市再買一盆就可以彌補的。還有萬一真去了媚登峰，這下就更虧大了。

題外話：

以ISDN上網由於傳輸速度較快，自己的想法比較能快速顯示出來，因此ISDN使用者在聊天室中看起來會比較聰明。我在聊天室中，常常要同時回答許多人問題，我的打字速度不差，再加上使用ISDN，我可以輕輕鬆鬆地面對所有的問題而一一加以回答。我有一位客戶，買ISDN設備是要上網談情說愛的，據說效果不錯喔！

越算越賺

許多人上網創業前，飽讀各式企管、行銷、統計、會計叢書，一上網之後，卻發覺許多專家的建議與網路上的生態格格不入。網路上的客戶群與一般各企管顧問公司所能掌握的群眾有相當大的差異，有時候依賴專家建議，倒不如憑直覺對待別人，反倒有意想不到的收穫。而在此所謂的直覺，當然是指個性中較爲真實善良的一面。

外子說，自從我當了ＳＯＨＯ之後，個性有很大的改變。以前常把卡內基的「不抱怨、不批評、不責備」掛在嘴邊，但是由於工作中有太多事需要抱怨、批評、責備別人，即使在公司時笑容滿面，回到家中常常會浪費許多夫妻間浪漫時光在發洩心中對別人的不滿。但是這一年來，我真正做到「不抱怨、不批評、不責備」了，因爲成敗都由一人扛，應該很少有人沒事會抱怨自己吧！加上網路溫情處處見，感動都來不及，哪有空抱怨呢？

由於完全把自己曝光於網路、雜誌、報紙等相關媒體，也等於將自己的履歷表，到處散發。最近這幾個月，有一些頗具知名度的公司，提出還不錯的薪資找我去喔。如果不會當ＳＯＨＯ族，即使在公司紅遍半邊天，靠加薪恐怕得等好些年才能得到那樣的薪水。可是我只花了一年，便讓自己有如此身價，雖然事後沒接受那幾個工作，可是卻對自己的能力多了一些肯定。

學習，是一件快樂的事，雖然它也讓我在學生時代時感到痛苦，可是這一年來才真正體會到爲自己學習的快感。這一年，我對於ISDN、Internet、電腦應用以及各種專業技術，有了更深入、透徹的認識。紮實感是我成爲上班族主管後，覺得最難掌握的東西，紮實讓人感到安全，相信許多上班族們，尤其是上班族的中級主管，應該與我心有戚戚焉罷。而當ＳＯＨＯ最花時間的工作便是思考，每天胡思亂想的，挺有意思。以前大多是完成別人交付的工作，而ＳＯＨＯ無時無刻不在想下一步該做什麼？如何讓自己更好？由於思考的時間變多了，對於許多事情的看法與想法似乎較爲剔透，這種無形的學習，自己覺得收穫更多。

現在不用常常拋頭露面，治裝費的節省可是會讓自己喜孜孜的。加上紅白喜帖、例行聚會、交際應酬的減少，花費比以前當主管時省下不少。當ＳＯＨＯ之後，大家交換意見大都透過電話、E-mail，我爲光碟月刊寫了一年的稿子，該月刊的主編是高是矮，我是完全沒概念，不過可能也因此失掉看帥哥的好機會就是了，*_>!

以前在科學園區工作，身邊的朋友大都不是工程師就是工程主管，同質性相當高。這一年來，或是客戶、或是網友，結交各種行業的朋友著實讓我興奮。原來網路上真的那麼繽紛多采，除了媒體朋友外，在網路上結交的朋友中有醫師、律師、唱片製作人、警察、軍人、老師、校長、作家、國蘭培育者、愛狗人、學生、老年人……。

這些收穫豈是金錢能衡量！

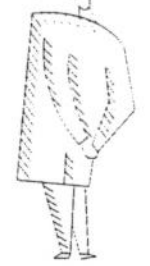

要在乎，但不能太在乎！

ＳＯＨＯ是賺是虧？其實很難評估，對於「利」一字，需要有點在乎但是又不可以太在乎。以專業的成本會計理論來評估，ＳＯＨＯ要賺錢，尤其是創業初期要能有盈餘，實在是太難了，所以要忽略一些成本計算。但是對於沒有太多工作經驗的年輕ＳＯＨＯ而言，常常又會把應該算進去的成本忽略掉。而「忽略」的分寸該如何拿捏呢？

其實在討論數字上的盈虧之前，我建議ＳＯＨＯ們應該先評估一些無形的收穫！例如，是否可以提高自己的身價以作爲找新頭路的墊腳石？學到多少東西可以讓自己的未來求職空間更廣闊？自己的理想爲何？這一段ＳＯＨＯ生涯，在自己一生的生涯規劃能夠有多少正面影響？老實說，上網創業真能荷包滿滿的人，其實很有限！建議評估無形收入的目的，是讓自己有個退路，萬一沒賺錢回去當上班族時，可以給自己以及當初勸您不要下海當ＳＯＨＯ的善心人士一個好理由。學了很多東西，就是最大的收穫，不是嗎？然而，這樣的建議不是爲自己找藉口，有人把當ＳＯＨＯ當作是不用上班的藉口，結果吃吃喝喝一段時間回去當上班族後，還要欺騙自己「學了很多東西」，這樣就不好喔。

我去醫院看病，絕對不會跟醫生成爲好友，我去電腦店買一台數據機也不會和老闆無話不談。可是透過Internet，人跟人之間的關係被軟化了！前一陣子久咳不止，很多人透過網路熱心提供祕方，病雖然沒有立刻好起來，心中真是暖暖的。我在網路上有一個莫逆之交，每天一封信告訴我她的想法，半年多了，就這麼成爲生活的一部份。有時想想，真實生活裡，人們似乎沒有熱情的勇氣，但是透過Internet，好像一切又變得簡單了。

經營一個虛擬店鋪，它可以是一個有情世界，也可全然無情。買賣之間，可以結束商店主人與客人間的關係，但也可能是關係的開始。而關鍵，全在小店主人的掌握之中。

07
先趨吉避凶，後賺錢

收入＝營業額－成本

話說雖然建議網路ＳＯＨＯ們，將利字放兩旁，但是畢竟ＳＯＨＯ也是一種以營利為目的的營利事業嘛！想法子讓自己能夠兼具理想與利潤，也是重要的。沒有金錢的支柱，理想是無法維繫太久的。說到這裡，讀者們是不是覺得腦袋開始打結？剛剛Migi才滿口四維八德地傳達了「道義擺中間」的理論，可是現在卻又強調賺錢的重要性。

PC Home的姊妹雜誌PC Office創刊號，在一九九七年七月二十五日正式登場，裡面有一個ＳＯＨＯ的單元，Migi專訪可是第一響喔！PC Office是以跟得上時代的上班族為訴求終點。雜誌社的佳芳到我新竹家中做專訪，不但她對ＳＯＨＯ有了更進一步的認識，我也才對別人心目中ＳＯＨＯ有所了解。佳芳說，她原先以為ＳＯＨＯ應該是內向不多話，而且完全是為了理想而創業。在此，希望我不會破壞ＳＯＨＯ在佳芳心目中的好印象，因為我絕對無法被歸類於「文靜一支」（其實是頗聒噪的），至於理想當然是有，但是也沒有忘卻利潤。

很多事情本來就是一體兩面的，過猶不及都不好。思考一件事，當然也不能單從一個角度來看。現在不是在看SOHO教科書，只希望提供個思考空間給大家。如果您是那種不把錢當錢看，而當命看的人，也許應該多咀嚼上一章的內容，但是您若是有理想、有抱負但沒有財務觀念的人，可要仔細閱讀以下內容喔。

我的記帳方式很簡單，收入＝營業額－成本

營業額的計算不難，把所有進帳給他加加起來即可。以我而言，稿費、版稅、演講費、顧問費、硬體銷售金額……，加總一算就可以了。通常我都將帳目輸入Microsoft Excel中，計算工作就由Excel完成了。比較複雜的是，誰該被列爲成本？尤其當家用和工作室的花費無法區隔清楚時，就更難計算了。畢竟我們不是財務專家，這筆帳即使由專家來操刀，也不見得能弄個清楚。

我的原則是，在沒有工作室時就得花的錢，我就算在家用上，不過這當然要我家戶長核准囉！由於我們夫妻倆原先就頗浪費的，因此成立工作室後，除了電話費與上網費明顯升高外，其他費用倒不見增加。電話費與上網費用合計，每個月約一萬元新台幣也就綽綽有餘了！

由於我之前工作七年，加上表現不差，我當上班族時的薪水不算低，所以對我而言，負擔最重的部份便是養活自己。對於工作經驗較豐富的人來說，自行創業的資源雖然是充沛得多，但是要能夠賺錢的門檻也較高。想想當個上班族，去上班不用太努力，不管是否有幫公司賺錢，即使老闆再看自己不順眼，月初或月底一到，還是乖乖把薪水匯到戶頭去，勞保、團保、健保一應俱全。

簡單算個小算術，月薪只要三萬元就好，加上固定開支一萬元。如果每月想淨賺四萬元，假設做一筆生意可以賺一千元，每個月必須做四十筆，才能收支平衡！若每一筆生意可以賺四千元，每個月接十筆，可以平衡。但是如果在網路上銷售的產品每筆的盈收是幾十或幾百元！要做多少筆生意才能賺四萬元啊？所以囉！如果您可以找到高利潤的生意，也許一個月只要接一個案子就酒足飯飽了，可是不要以爲一個月接一樁生意很容易喔！因爲常發生要麼不是一堆案子做不完，無法大小通吃；不然就是門可羅雀，一個案子也沒有。如果無法維持一定利潤，每個月可能要接上百件的生意，自己是否有這樣的本事，請仔細衡量。講到這裡，開始懷念那些曾經自動把薪水轉進我帳戶的老闆們了。…>_…<

由於我是在家工作，所以沒有工作室租金的問題。房租其實是比個人薪資還要沈重的負擔，反正發薪水給自己，可以靠縮衣節食來解決，或是乾脆不發薪水給自己，也沒有人能把自己怎樣。但房租可是每個月一定得丟出去的錢喔，就有人是因爲付不出房租，而結束營業的。除去自己的薪水與房租這兩項成本，如果有僱請幫手，可就負擔更重了，有許多公司一直在賺錢，以爲可以越賺越多，擴充太快，最後被人事負擔拖垮。此外，投資設備的攤提、庫存、廣告促銷費用都會使成本加重，要仔細計算。

節流＝不虧錢

也許我不夠積極吧！偷偷告訴大家，其實一開始當ＳＯＨＯ，我只打算不虧錢就好了。能夠實現自己的理想，賺點小錢養活自己，順便買一個說不定可以賺大錢的希望。因爲一開始有這樣的想法，我在投資上就比較精簡以及謹慎。

當初離職時，以前的老闆曾提議投資我成立公司。對他而言，幾百萬只是小Case！說真話，當初聽到他的提議，回家好幾天睡不著覺，多興奮啊！滿腦子想著自己當總經理的樣子。但再想一想，其實幾百萬，自己也不是拿不出手，如果我的工作室能賺，爲什麼要跟別人分？而且以前老闆堅持要佔百分之六十以上股份，會不會因此在工作上受制於人？如果我的眼光錯誤，陪了自己的資金也就罷了，還要陪上別人的錢；錢是小事，最怕辜負那位老闆的栽培與賞識。於是，我婉拒了那位好心老闆的投資建議，理由是算命先生告訴我不要與人合資做生意，即使合資我也要是大股。（這真的是算命說的，可不是藉口喔！）

所謂網路ＳＯＨＯ，當然就一定得有一套能上網的電腦囉！我家剛好別的沒有，就是電腦多，我和外子二人用三台電腦，而且配備完整，從雷射印表機、MO、掃描器……，一應俱全。對我而言，創業時最大的投資，就是花了新台幣一萬二千元買了台范曉萱廣告的Panasonic傳真機。由於每個不同行業的ＳＯＨＯ，所需採購的東西不同，每個人的硬體設備投資不同。就我家而言，當上班族時，外子對於配備電腦設備，通常眼都不眨地就買將下去，加上我從旁煽風點火，家中設備早就一應俱全了。但是當了ＳＯＨＯ之後，買東西就有所謂盈虧問題，因此下手較爲謹慎。外子戲稱，當ＳＯＨＯ之後，別的不說，太太養成節儉的美德就是賺啦！

我的貴人之一，沙易資訊（www.cys.hinet.tw）的蔡先生，成立工作室時投資上百萬在硬體設備上，他的一人工作室位於台南市區自家店面裡，佔地約二十坪。以他的投資手筆，每月營業額少說也得好幾十萬，才能回本。不過他的想法則不同，先要能提供好的設備，才能吸引更多的客戶！事實上，目前他的客戶們對於他的服務少有抱怨，一個介紹一個，生意也真的蓬勃起來！所以，別人不能給自己規則，所有的經營策略要靠自己忖度。

但是，基本上還是勸大家在投資時，下手不要太重，尤其對於比較沒有工作經驗與財務觀念的少年ㄟＳＯＨＯ而言，錢可能比想像的難賺些，花費有會比預料的大一些。請注意在丟錢時，不要大把大把地恣意而爲。真正當了ＳＯＨＯ才能體會，花錢容易、賺錢難哪！

如果要當網路ＳＯＨＯ，我想一台能上網路的電腦是跑不掉的，一台網路電腦，不要配備太誇張，大約五萬元也就夠了。這個投資我認爲絕對值得，因爲即使不當網路ＳＯＨＯ，送禮自用兩相宜。其實現在電腦已是民生必需品了，家中有電腦，老人、小孩，與自己都可用，其實很划算。其餘的花費，切記！能省就省！

開源＋節流＋趨吉避凶＝賺錢

想要賺錢，除了要能節流外，開源當然也是件重要事。有人形容SOHO就好像是豬，全身上下都可得用上，要把自己的潛能發揮到最高點，因爲自己是生財工具。以我而言，寫書爲宣傳，每月的版稅也是收入之一，幫雜誌寫稿，爲宣傳，每月稿費也不無小補，寫書與寫雜誌的內容還可以放在網頁上，也可以當幫別人上課時的教材，而我最近又將內容灌製成CD……。

以上的收入雖然不多，但是附加價值高，掌握度也高。透過網路銷售ISDN設備，收入較多，但比較無法掌握，即使這個月生意很好，也不一定能保證下個月會有同樣的快樂。常常有人會問：在網路上真的能賺錢嗎？怎麼賺？我說啊，Internet充其量只是個宣傳工具，不是賺錢工具，真正在賺錢的是SOHO自己。所以要怎麼開源，不要問別人，問問自己。

有許多SOHO，對於開源節流非常注意，但最後還是虧損連連，爲什麼呢？因爲不知趨吉避凶。例如我不雇用固定員工，真的有事需要人力支援時，我就找工讀生幫忙（平日當然就要多認識些工讀生囉）。此外，不賺錢時，卻還要發薪水給員工，可是很痛苦的；自己挨餓也就罷了，我想還是不要害到別人吧。

以前當產品企劃時，最怕的就是庫存。尤其電子產品的庫存，由於汰舊換新很快，價格降得也快，常常會造成得不償失，所有的心血付之一炬。所以我在銷售產品時，寧可利潤少些，決不做太大量的庫存。但幸運的是，由於大多數廠商的配合，雖然我沒做庫存，依然可以維持快速交貨給客戶的服務品質。所以我的趨吉避凶原則是不做庫存，在營業收入無法穩定之前，不請固定員工。

售後服務是個重要但又會被忽略的成本，看起來是一個穩賺不賠的買賣，最後常常被售後服務所拖垮，而且是當初生意越好，賠得越慘烈。有一個朋友寫了一套健保申報程式，以一個相當好的價錢賣給許多醫生，同時提供兩年售後服務。怎知，我們的健保局變化多端，三天一小改、五天一大改，還追溯既往。朋友疲於修改程式以適應健保局需求。原以爲是個簡單且賺錢的生意，現在如雪球般越弄越複雜，每天都得周遊好幾家醫院。他常感嘆，如果可以重來，他會慢慢地來，先銷售一、兩套產品，在市場上經過一段時間地磨練，產品可以更成熟，自己也可對市場更了解。等到掌握度高後，再做大規模銷售，就不會落得現在下場了。

如果事先能夠充分掌握品質，絕對可以讓售後服務的負擔減輕許多。我在銷售產品之前，一定經過測試確認該產品的實用性與穩定性，如果產品的穩定性不高即使利潤很好，我也不考慮銷售。在銷售ＩＳＤＮ產品時，當然是希望能夠賣越多越好，可是一定確認客戶適合使用ＩＳＤＮ設備，我才會賣東西給他。如果因一時貪財，而賣東西給不適合的人，我大概每天光接抱怨與詢問電話就好了，怎還有時間做正事呢？而ＳＯＨＯ的時間，就是生財工具啊，得失之間，一定要仔細衡量。

由於我是一人公司，對我而言，最缺乏的就是人力，如何提供客戶最好的技術服務，除了靠自己，還得想法子「依賴」別人。因此我也會謹慎選擇供貨廠商，該供貨廠商是否配合提供技術服務以及相關保障給我的客戶。由於個人工作室要取得別人的信任並不容易，但是我是強調向我購買ＩＳＤＮ設備，可以得到製造商、代理商與Migi's Shop的三重保障。即使我萬一收攤了，客戶的產品依舊受到代理商的保障。這樣的做法，對於我而言，我可以降低因售後服務所帶來的成本，對客戶而言，同樣的價錢多了分保障，何樂不爲？因此上游廠商的挑選很重要的，否則所有的售後服務工作都由自己一肩扛起，自己累不算，還愧對客戶。

我的想法是，如果我賺了一千元，可能其中兩百元在未來兩年內會以不同形式回到客戶那裡或是不見了，因爲我的經營屬性須不斷提供新資訊給客戶，不斷更新網頁內容，還有許多不可預知的狀況會把進了口袋裡的錢又拿走的，乾脆先把錢拿出來。也許可以把這些錢，放到基金戶頭裡，以備不時之需。由於基金不會常常用到，就我而言，買一些績優股票放著，加減還是可以有一些小收入的。

賺錢在開源節流之餘，請切記趨吉避凶。

08 網路行銷成功術

不收門票的劇院

Internet是個場租便宜的劇院，身爲觀眾是最幸福的，進出都是不收錢的。常有人說便宜的減肥健身方式通常不管用，要花錢的才會珍惜；的確如此，網路上人來人往，各式各樣的舞台林立，如何凸顯自己網站的特色，吸引不花錢觀眾們的目光？有人在網站上放美女圖、有人辦贈獎活動、有人定期說笑話、辦講座、開闢聊天室、留言板、蒐集一大堆好玩的網站……。以上的方法有些Migi用過，有些沒有，不過倒是真有些心得要和大家分享！

1.常常更換版面：米姬．嚇普每次改版的那一段時間，上網率特別高。一方面是因爲老顧客發現有更新便會駐足察看，加上我會發出通知請老客戶回來走走。通常客人到某個網站一次，就會願意向網站購買產品的情形很少，客戶會透過網頁觀察網站主人的經營態度，發現網站常常更新，隨時提供最新資訊，才會開始信任網站主人。

在此也有一個小心得分享，除非是在網站上提供具時效性的訊息，例如股市行情、每日或每週運勢分析、或是產品價格資訊以及課程訓練通知……等。否則，不建議每次只改一點點，因爲這樣不容易引起網友注意，具一定程度的改版才能引起話題，這個時候別忘記發通知給網友喔，保證那段時間會吸引人潮。

2.留言版：所謂留言版，就是網友可以在網站留言，除了版主之外，其他訪客也可以看到留言內容。留言版運用於某些話題的討論，非常好，因爲不受時間的限制，任何人任何時間都可以在留言版上發表自己的看法。如果網頁裡有留言版，與訪客之間的互動關係也會有很大的提升！以ＩＳＤＮ之類的技術網站而言，大家有任何問題可以在留言版留話，站主或其他訪客可以在留言版中直接回答，大家都能分享。網站主人透過留言內容，了解客戶的需求，進而可針對自己在網站上做最符合民意的調整。我常到吉諾寵物網（www.pet.com.tw）看看別人的寵物心情故事，有時自己也會寫上幾句，那是網路上的有情世界。

在米姬．嚇普的留言版中，常常可以看到有趣而溫馨的留言，其中最受歡迎的竟然是懶人話題而不是ＩＳＤＮ。原來懶人雖懶，只是懶得做家事、打掃、講話……，完全不吝於分享自己的懶人經驗與關心別人。還有囉！也有不少人透過留言版，大肆給我讚美啦！雖然臉紅，但也因爲當之無愧而感到……（我是不是太驕傲些了？驕傲有時對於ＳＯＨＯ而言，也是優點）。鼓勵與建議，之於網站主人，無疑是辛苦經營後最值得欣慰之事。

但是，留言版也是有缺點的，在這個言論自由的區域，誰也無法控制別人的留言內容。尤其是一些敏感話題的網站，常常大家言語不合或立場不同，造成彼此心中不快，而遷怒提供留言版面的版主。輕則在留言上攻擊版主，重則進行網站破壞。米姬．嚇普的留言版後來因有人留下不堪入目的話語，不得已地將留言版關閉。還記得當時網友的E-mail中還申訴「留言版是我最喜歡的單元說。」唉！這也是出於無奈。

如何讓網站有留言版功能？通常得依賴主機端提供，所以得選擇有提供留言版服務的ＩＳＰ。這裡就凸顯了自行架設硬體二十四小時開機網站的缺點，因爲得自己購買應用軟體才能達到這樣的功能。

3.聊天室：米姬．嚇普網站中並沒有放聊天室，但是我喜歡固定到別人的聊天室辦講座。例如每週四晚上八點在瘋狂麥克小屋(www.dj.net.tw/~mike0611/chatx.html)固定討論ＩＳＤＮ及ＳＯＨＯ話題。此外，小姐姐電子刊（sikl

名詞一點通

網路塞車

由於Internet的使用人口成長太快，在網路上出現嚴重的網路塞車的問題。塞車時，所有的資訊都卡在網路上進退不得。

平日只要幾秒鐘可以拿到的資料，網路塞車時，有時花個幾分鐘

o.dj.net.tw）或是BookClub（www.bookclub.com.tw）也常有我的蹤跡。

所謂的聊天室，參與者無須外掛任何軟體，只要透過瀏覽器（Browser）連上該網站就可以暢所欲言，有一點類似ＢＢＳ站討論區。這種互動是立即的，所提出的問題在幾分鐘內便可以得到答案。不過最好要稍微練一下打字速度，以及連線速度也不能太差喔（我的意思是用ＩＳＤＮ較好啦！^_^）。

由於維護一個聊天室所需花費的心力不小，何不結合既有的聊天室？一方面可以拓展新的客戶群，另一方面也可帶一些客戶給別人，客戶因此也多認識一些好地方，一舉數得何樂不爲呢？況且一間聊天室如果一週只用兩、三次，投資報酬率實在太低了，加上要造成人潮也不太容易，何不結合人潮滾滾的聊天室呢？

如何讓網站有聊天室功能？通常也得依賴主機端提供，所以得選擇有提供聊天室功能的ＩＳＰ。大至網路（www.dj.net.tw）內，有約一百五十個聊天室，無須外掛任何軟體，直接用瀏覽器看即可，歡迎參觀比較。

也不見得能傳送完畢。要解決網路塞車問題，除了以ISDN或其他較爲快速上網的方式外，最重要是國家高速公路的興建。

4.贈獎或特惠活動：米姬．嚇普曾辦過特惠，效果不見得特別好，不過這可能是因爲ＩＳＤＮ產品本身特別的屬性所造成的。

網路上有許多網站，透過贈品提升上網率，效果相當不錯。其實贈品的花費不見得多，有時候如果能找到捐贈者，其實不失爲好法子！這樣的活動，衛普電腦台（www.webtv.com.tw）常常舉辦，歡迎大家上網參觀學習。除了自己舉辦活動，其實多參與網路上的活動也是一種方法，例如新人王選拔(yes.net.tw)、前進97（www.1997.org.tw）……透過別人較具規模的促銷活動，自己只要盡一點小心力，就可以將自己的網站搬到更大的舞台上。

5.生動的畫面：現在的人被時下的媒體寵壞了，很少有人爲了看一堆有用的文字，而流連於一個網站的。因此設計一個圖文並茂的版面，好似佈置一個商店櫥窗，可輕忽不得。然而網路上，由於由速度的顧慮，又不能放太多的圖片，否則所有的資訊將被塞在路上動彈不得。所以多利用小巧又不佔空間的圖形，不要太貪心，有時一兩個小圖案搭配一個具有特色的底色，就可以讓畫面活潑起來了。至於小圖形的製作，不一定要自己來，網路上有許多免費又好用的圖形，可以透過搜尋引擎找到，也可以在米姬．嚇普找到一些有用的鏈結。

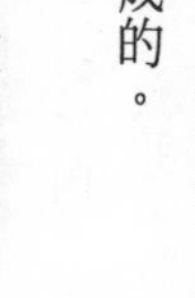

名詞一點通

Hyperlink

超鏈結

我們常說網網相連，因爲任何一個網站，只要在網頁中放上另一個網站的超鏈結，無須把別人的網站資料全抓到自己網站上。所以囉！只要有超鏈結，這個站便可以成爲下個站的起點。

6.有用的超鏈結：網網相連，如果能夠蒐集、分類一些好站，當作大家的出發點，其實對於提高上網率是絕對有幫助的。Migi針對一些自己常去的站，在米姬．嚇普做了一些超鏈結，方便自己，也方便朋友。其實有許多人經營網站，他的Niche就是針對某一個主題，蒐集並整理網站上各個站台資訊。最常發現在命理、星座網站，很多站主自己不一定會算命，對星座也一竅不通，但是蒐集非常多的算命站台，並且整理評分，網友只要上到這個站台，可以一連跑好幾家算命攤子，不費吹灰之力，相當值得。

7.獨門資訊：有時網站中能提供一些獨門資訊，不見得一定與經營內容有關，例如非常好笑的笑話、保健常識、祕方……。米姬．嚇普中的狗狗嚇普裡有我家狗狗的精彩相片與二、三十篇自己在聯合報與民生報發表的狗文章，吸引不少愛狗族接觸ＩＳＤＮ喔！

8.美女圖：我的網站沒放過美女圖，倒是曾經把自己的相片動畫放在網頁裡。初期上網率果然激增，過一陣子大家也看膩了，加上我的外型也沒什麼吸引力，效果就不那麼顯著了。後來因爲治安問題，加上受到一些騷擾，就把相片拿掉了。

Browser 瀏覽器

由於網頁的資料大都是HTML的格式送到網友手上，這時需要一個Browser才能解讀裡面的內容。最常用的Browser，就是網景（Netscape）公司的Navigator與微軟（Microsoft）公司的Internet Explore。

如果打算放別人的清涼美女圖的話，建議要經常更換，才有新鮮感，而且這種方式，常常會吸引一些不速之客（Hacker）。除此之外，還要預防網路掃黃被抓。聽說有一個情色網站的站長被調查局抓去，還在大學唸書的站長，關了一晚，並花了三萬元交保，五萬元請律師，後續狀況我就不清楚了。

除了四處登錄外，還能做什麼？

到搜尋引擎站登錄，是網路行銷的最重要步驟。就米姬．嚇普的訪客來看，除了直接鍵入網址（也就是說事前知道我的網址www.migi.com.tw）的人，百分之八十的人來自於各大搜尋網站。其中從蕃薯藤來的客人居冠，HiNET、SeedNET也是重要轉運站，不要忘記去註冊登記。登錄，可是網路行銷中最重要的事。而除了四處登錄外，還能做什麼呢？

—針對上網客户做有效的統計與調查，以做最佳調整

—吸引具規模的公司針對自己的網站做鏈結

—廣告交換

—參與大型網路活動

—平面宣傳，廣告、傳單、郵寄、傳眞。

—和媒體成為好朋友

—親自到聊天站，或BBS站叫賣、宣傳

—砸錢

要了解自己的客戶群，才能針對目標客戶群做有效率的調整。我的客戶中，

百分之七十是中華電信HiNET的用戶，也就是說，不可否認HiNET是我重要的行銷對象。此外，訪客留言版與E-mail也是統計客戶狀況的重要工具。網站上，大家來來去去，真願意在留言版留言，或是願意寫封信給站長的人，比較可能是潛力客戶。反過來說，常常到與自己網站有關連的網站，留留話、交交朋友，也可以交到許多志同道合的朋友，而這些朋友有可能成爲貴人或是客戶。

提升上網率，最有效的方法就是有著名網站願意將自己的網站放在首頁上，這樣的效果是非常好的。想像一下，如果蕃薯藤、HiNET、SeedNET這三家網站的首頁都有自己的連結，要不紅也難哪。有一陣子HiNET將我網站置於仲琦網首頁，單靠這個超鏈結，每週都可帶來一兩百位訪客。但是，如何讓知名度比自己高的網站，置放自己的一個超鏈結到自己的網站呢？首先自己的網站絕對要有看頭，再加上適度的誠意，如果剛好有貴人，就更水到渠成了。如果找不到大型網站願意置放自己的超鏈結，也可以找同等級的網站，交換廣告。這是一個不花錢又有效的做法，Internet 上著名的怪獸窩，領起交換廣告的風潮，也讓自己成爲Internet 上一級的網站。

參與大型活動，其實也是一個好方法。例如最近我就參加了WebTV 舉辦的

「前進97」（www.1997.org.tw）活動，爲期十週。只需要在自己首頁放一個鏈結，可有可無地捐贈一些小禮物，就會爲自己帶來人潮。此類活動，WebTV（www.webtv.com.tw）經常舉辦，建議網路ＳＯＨＯ常常去WebTV觀摩學習。

並非網路行銷，就一定得透過網路的方式才能達到行銷目的，傳統媒體才是真正最有效的工具。如果能得到媒體的青睞，更可以幫自己的網站奠定很好的基礎。我接受WebTV訪問後，當天上網人數就是平日的兩倍，整個月的上網率也有增加。接受廣播訪問或是報紙介紹也有類似的效果，但沒有電視媒體那麼顯著。由於米姬・嚇普專業網站的特性，我認爲雜誌上的廣告或文章的效果，影響較大。一本雜誌，通常可以看一個月，影響深遠。較爲明顯的是，如果該月份我幫許多家雜誌寫稿，比起完全不提供稿件的月份，米姬・嚇普的訪客人數有很大的差異。所以囉，如果是專業型網站！有預算的話，可以到雜誌社登登廣告，如果沒預算，只好學我拼命寫稿，給雜誌社或寫書，除了廣告，還可以賺一點稿費，加減也算是收入。除了傳統媒體外，網路ＳＯＨＯ還是要掌握傳統的行銷方式，如電話、傳真、郵寄廣告，絕對可以帶來商機，不要小覷傳統行銷的功效。常有網路ＳＯＨＯ，自命清高，覺得要在行銷上有所突破，不屑於那些非網路的行銷手法，卻因此失掉許多機會。我朋友經營網路咖啡，只要世貿有電腦相關展覽，就找工讀生去發傳單，傳單的印製與工讀生的花費，一千元之內就可以解決，但是效果非常好。

由於我是小小SOHO族，我的行銷方式，不但要顧及效果，還得考慮預算。如果您的預算充裕，其實可以做的事就更多了，灌錄光碟介紹自己，製作許多精美廣告與禮品，都是可行方法。我要是有足夠預算，想請阿Mei（張惠妹）與蘇芮合辦個演唱會促銷米姬．嚇普之外，還可以聽到另一場真正屬於台灣的世紀之音。

輿論的力量是很大的，所以在BBS站上製造輿論也可能對自己造成影響。不過這個影響有可能是好也可能是壞。建議每到一站，稍微觀察一下該站的特質，有些BBS站很忌諱別人做廣告的。加上BBS上的主流以學生居多，學生們有時對於商業行爲會有莫名的排斥，甚至會以反應較爲激烈的手段逞罰廣告者，也要多注意。

也許您會覺得這個章節，我寫得不太有系統，因爲網路行銷的基本原則便是隨時掌握任何一個行銷網站的機會。網路變化多端，要有系統化地行銷，太執著於某些規則中，反而不好。

訪客多不等於一定能賺錢

有一陣子米姬．嚇普由於一些學校BBS站幫忙宣傳，上網率激增，但大多數都是學生群。由於學生大都透過學校網路上網，加上經濟力可能比較差一些。因此，米姬．嚇普的營業額並沒因而增加多少。不過這些學生上網的效果，可能會在一、兩年後產生，因爲他們總是會畢業嘛，只是到那時米姬．嚇普會變做啥款？就很難預料了！

但是訪客不多要生意興隆也是不容易，關鍵是來的訪客是否爲潛力客戶？有人透過美女圖吸引訪客，果真有許多人聞香下馬，而這些人真的是自己的潛力客戶嗎？也許是，也許不是，就看每個網站經營項目而定了。

如何讓潛力客戶發現自己？米姬．嚇普的潛力客戶是對新技術有好奇心，而且經濟力不錯的人。這些人應該會看報章雜誌吧？於是我努力爲十多家報章雜誌寫稿，廣爲宣傳我的網站。透過文字媒體而找到我的網站的人，通常向我購買產品的機率較大。我曾經做過一個試驗，有一個月完全不提供稿件給媒體，那個月營業額真的下降了。米姬．嚇普非常重視與各媒體的關係，因爲媒體的協助與否真的會影響業績！

如果開網路花店，也許找一天去花市發傳單比幫電子雜誌寫文章更能找到潛力客戶。對於網路文具店而言，多到學校的BBS逛逛、講講話，比起到無關緊要的聊天室有用得多。不過如果網路聊天不是爲了做生意，而是爲了交朋友，就另當別論囉！

恃吾有以待之

我們常常希望自己客戶多多，網站上人潮洶湧。可是，請想想自己是否有能力照顧那麼多的客戶。如果自己沒準備好，越多的客戶反倒造成越多困擾。有些事情自己都還沒有想通，面對客戶詢問時，會讓情況更爲複雜。

我針對客戶常問的問題做成了一個資料庫，所以大約百分之九十以上的客戶詢問，我都可以在當天回答。隨著資料庫的累積，越來越齊全，我可以提供給客戶的服務品質就更好，而別人想要取代我的地位也就更難了。因爲我準備好了。

常常有人花下大筆廣告費用招攬生意，可是生意真的來了，卻又無力經營。也許以自己的規模，無法承受太大的訂單，或許是商品的成熟度不夠，造成服務成本的提升，而自己的工作室有時又無法扛下這樣的成本增加。所以，在捨與得之間，面臨抉擇時，千萬不要被眼前的利潤所蒙蔽。

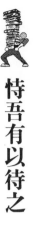

有人一直在充實自己，等待一次千載難逢機會，飛上枝頭當鳳凰。但後來或許失去充實自己的毅力，也可能覺得機會總是距離自己太遠，而放棄追求。除非真的是超級好命，否則只有實力，不見得真的能遇見機會，但是有實力的人，是可以創造機會的，而那些沒有實力的人，就只能眼睜睜地看著機會流走，懊悔也來不及了。

我常說我命好，所以機會特別多，有時那只是謙虛的說法。>_<

09 身高不是距離，年齡不是問題

網路之前人人平等

之前提及Internet是個場租低廉的國際舞台，由於它的收費便宜，吸引許多人上台一展才華。人或多或少有些表演慾，如今只要少許的錢，甚至不花錢便可以登上國際舞台引吭高歌，難怪許多人都躍躍欲試。蕃薯藤裡個人首頁就有2,013個之多，其中有醫師、學生、老先生、同性戀者、老師、寵物迷、怪人、……。大至網路（www.dj.net.tw）推出了適合個人，既經濟便宜，功能又多的網路虛擬主機服務，短時間內，吸引了兩百多位個人網頁，在Dj.net開張。大家在自己那一塊小田地裡，辛勤耕種，無論你的背景如何，在自己的那片田裡，大家都得尊稱你一聲站主。

曾看過一份美國的調查報告，請一定要相信，面試時美不美或帥不帥，絕對會影響錄取率。該報告還指出，美女車壞了，停在路邊三分鐘之內，會有許多人不辭辛勞地幫忙修車。但是如果不夠美，等人停車的時間可能得超過十分鐘，甚至更久。別以爲美醜影響判斷力的事只發生在異性之間，同性間仍會受到外貌左右而無法客觀地判斷對方。根據調查指出，美國大部分企業，副總裁以上的主管，身高都超過一百八十公分。

也許你會說那是在美國，在台灣可不一定成立。中國人對於外貌的要求標準的確不同，但是基本上外表絕對會影響我們的求職，相信嗎？在台灣，從事人力資源方面的專業人才，面相學是必修的喔！據我所知，有些公司甚至要求經理級以上的主管，也必須進修面相學。

以前我一直有一個困擾，因爲我看起來很年輕，因此顯得不夠專業。雖然年紀小有一把了，但常被當成小妹妹看！但另一位同事剛好有與我相反的困擾，少年老成，別人會覺得他沒能力，頭髮都白了，還在當工程師。我最怕跟他一起到客戶處，因爲尷尬。人與人之間只要面對面，不受主觀影響判斷力實在很難。老實說，我自己對俊男美女的態度也會不太一樣的，人都有愛美的天性嘛！

而在Internet上就不同了，誰也看不到誰，判斷標準全憑這些站主們在自己的網頁上提供多少「好康」的東西給觀眾。管他站主是美是醜、是高是矮。這時「專業能力」就成爲大家在舞台上互飆的籌碼了。如果觀眾喜歡你在Internet舞台上的表演，他會告訴他的朋友，或者自己一來再來。觀眾的掌聲轉換爲上網率回饋給表演者。觀眾甚至會寫信給表演者，表達自己的崇敬，表演者回信感謝。或是觀眾對於表演有所質疑，寫信詢問，通常也能收到表演者熱情的回應。在Internet的國際舞台上，以上的互動，沒有年齡、相貌的限制，網路之前人人平等。

我是女生，早已過了十七

不可諱言，在傳統工作場合中，多少有一點男女不平等，這種情形在中級以下主管身上，可能不太明顯，但是若是看看處長、協理、副總以上的主管，各行各業中，女性高階主管的比例應該不高，尤其是以前我所在的科學園區，這種現象更是明顯。常有人說那是因爲科學園區理工背景的人較多，可是園區各公司中仍有財務、物管、行政部門，這些部門雖然大都是女性員工，但也大都由男性領軍。不可否認，男士主導著高階層的管理圈。他們定規則，塑造文化，要加入就得依循他們的原則。

在網路上是無性別的，或許該說性別是不可信任的，呵呵。一位與我通信一段時間的「小妹妹」，有一次他來聽我的演講，我才知道他是小弟弟。常有人寫信給我，叫我Migi兄，剛開始我會指正，久而久之，突然領悟又不是在談戀愛，偶爾當當男生又有何妨。不過由於網路女生較少，我發現網路上有明顯女男不平等的現象！女生的網站，尤其是被強調站主是女生的網站，常常比較容易吸引觀眾。在平常生活中不太感覺得到台灣男士的紳士風度，但是大家一上了網路，好像一下子大家都變成好人了！我每天需閱讀幾十封電子郵件，但一點都不覺得煩，因爲這些信來自於一群體貼、禮貌、幽默、可愛、求知慾高的台灣網路族。

其實我自己是蠻喜歡當一個網路女ＳＯＨＯ的，我從不覺得因爲我是女生，而受到較差的待遇。反倒是因爲我是女生，大家相信我可以提供更細心、體貼的服務而認同我。許多人對於女生，通常直覺認爲專業能力較差，可是當我已在網站上展現實力，大家反而會給我更多的尊重與掌聲。如果剛好妳也是準網路女ＳＯＨＯ，恭喜妳喔！如果是男生，也不要氣餒，可以男扮女裝！^_^

少年ㄟ狂飆年代

年輕人的精力是需要宣洩的，有人在馬路上飆車，有人跟陳水扁飆舞，還有許多少年ㄟ在網路上狂飆才情。十九歲的巨蟹座詩人(www.migi.com.tw/cancer)在網路上奔放著十九歲以及超越十九歲的情懷，同時也有許多十九歲的男孩在馬路上用自己的生命在衝刺。

無關乎賺多少錢，Internet是很好的狂飆場地。如果不要太有得失心，我建議少年ㄟ離開學校後，先找工作，同時上個會，存一年、兩年的錢。帶著這些錢，上網揮霍一番，成功也好失敗也無妨，那些錢不是賺錢的資金，而是讓自己生命更充實的學費，因爲它將帶給自己前所未有的體驗。不過在此之前，要有將會被父母嘀咕的心裡準備。

少年ㄟ！應該慶幸生在此時，Internet剛蓬勃的時代。若早幾年或晚幾年，可能找不到地方放縱自己的情緒，試著在Internet上找到自己吧！

談到這裡，有一些感觸，我常常在想，我是理工科系出身的，到現在還不太知道，我耗費生命中最寶貴的時光去學那麼難的化學是爲什麼？（註：我以前唸書時，化學不差）更何況是那些從小篤定要念文法商的學生，爲什麼要去念那麼難的理化？我們的教材內容是否離社會需求太遙遠了？我們把生命中最重要的學習時光，花費在學習以後用不到的學科上，而且每一學科的內容深度，都足以讓一個成人頭昏眼花。

我實在搞不懂，知識已經爆炸至此，國、高中的學生爲了考上大學，禁錮在那些深奧詭譎卻又用不到的理論之中，所爲何來？有人犧牲學習有用知識的機會，進入大學之後，才真正開始學習與未來有關的知識。有人因爲根本無法理解那些深奧而被師長否定，自己也找不出解決方向，只好在被師長放棄後自暴自棄。我知道我們的教材是各科學者精心研究出來的成果，但不是每一個小孩以後都想當這門學科的專家，即使是，要他兼顧七、八科，也非易事。真的有必要要讓學習那麼痛苦嗎？我們是不是也該爲放牛班學生設計一些教材？他們也有學習的權利啊！

我常常看到一些孩子，覺得心疼。因爲他們的一生被別人所放棄，教育部或是父母。

事業第二春

我在大二時，就很想當三十幾歲的女生。我不喜歡不確定感，當時想，一個女性到了三十多歲，一切應該已經確定了吧！或是事業有點小成就，或是家庭幸福美滿。尤其美容技術越來越好，要保有年輕的面貌，其實不算難，但是要有三十多歲的智慧與經驗，沒有經過時間的歷練，很難累積的。如今我走到以前期待的年紀，回頭看看過去，曾經困惑、曾經茫然。而今雖然不見得萬事如意，但有一定的經濟基礎，知道自己想要什麼，加上一些自信，感覺很好。

我在三十多歲時，找到事業的第二春。我努力著……

Internet是一個適合開拓第二春的工作環境，帶著豐富的人生經驗上網，不容易感受到因年齡所帶來的壓力。常常有人說Internet是年輕人的玩意兒，但是如果您仔細地觀察一下各個網站，尤其是專業型的網站。應該不難發現小腹微凸、頭髮花白的中年站主正在建立事業的第二春。同樣地，網路上是沒有年齡的，因爲年齡也不見得是真的數字。有一位網友寫信給我時謙虛有禮，還稱我Migi姐，一次演講碰面，原來老兄他已四十多歲了。唉！佔人便宜的感覺真不好！

大哥還有兩年就要退休了，快要五十歲的他，每天都在Internet上，看看自己未來可能的方向。姊夫五十多歲了，也將面臨另一次創業，除了靠著原有頭銜，開一家自己的診所，他也正在考慮Internet 可以帶給他什麼……

10 女SOHO的天空

因爲多一條「後路」

我有一種預感，世紀末是女性創業的好時機！我不是專家，但是真的有這種感覺。不知道是我不知不覺在影響別人，還是我受到別人的影響。剎那間，身邊好多女性辭去原先的工作當起ＳＯＨＯ或是家庭主婦兼ＳＯＨＯ。

常常看到的模式是，原來夫妻倆都是上班族，後來太太辭去工作在家一面帶小孩、一面做直銷。慢慢地做出一番成績與心得，先生或許跟著辭職或許繼續工作，但是可能直銷成爲家中主要經濟來源。也見到夫妻（也可能是男女朋友）倆都從事平面設計，女性辭去工作，在家接案子。男生則繼續當上班族，晚上回家當義工。

辭職對於女性而言是比較容易做到的，因爲不用準備一個房子娶老婆，也不用養家活口，社會責任的壓力較小，而且可以找到相當多的藉口。尤其一開始創業時，不太好意思告訴大家自己正在創業，因爲怕失敗會留下把柄給喜歡調侃自己的朋友們。這時候女性可以說，想把家理好，想生孩子，想照顧孩子，甚至可以堂而皇之地說，我想休息。而男性呢？恐怕沒有那麼多藉口可用，加上男生比較無法忍受別人的輕視，不願當無業游民。

不知讀者是否有同感？辦公室中的男性比起女性較能夠忍氣吞聲。真的是男生脾氣比較好嗎？不是的，因爲他們沒有可依賴的父親、男友或老公。所以，他們不敢冒險，沒有面對失敗的籌碼。即使他們具備了一切出來闖闖的條件，若少了「後路」一條，便會躑躅。女性雖然本身的創業條件不如男性，卻因多了條「後路」，膽子一大，一個不小心，就成爲成功的ＳＯＨＯ了。想當初，自己評估是否要下海當ＳＯＨＯ時，可是先把外子的薪水也算了一算，才勇於跳水的。在還沒一點小成績前，親朋好友都以爲我打算辭職生孩子，「順便」上網玩玩。直到有一點點小表現，才正式通報親朋好友們，Migi現在在家辦公，有一個工作室了。如果工作室真的做不起來，也許我就偷偷出去找工作，神不知鬼不覺地回去當上班族。

之前談了那麼多，什麼人可以當ＳＯＨＯ，到後來發現，即使再具有潛力，少了「後路」一條，要產生行動實在很難。我和外子，若就專業能力來評估，他才應該來當ＳＯＨＯ，可是因爲我無法當他的後路，所以我就成爲米姬．嚇普的老闆，而他就是保全、測試、顧問、快遞、司機、……身兼數職的義工了。這個社會對男性，的確不太公平。反過來說，也許女性可以把握這個機會，嘗試看看。給自己一段時間，找到自己的專業與一條「後路」，就奮勇殺出罷，很多人就是這樣成功的。

不過女性不要因此沾沾自喜，也許因爲女性SOHO多了一條後路，比起男性SOHO，少了一種衝勁。通常男性SOHO下決定難，但是一旦下海了，由於無法回頭，常常卯足了勁上網一搏！而這股力量，是非常驚人的。我看到大部分的男性網路SOHO的每天工作時數都超過十五小時，做到老婆吃醋、女朋友跑掉的人大有人在。

家庭即公司時代

在家工作這件事，對於男性與女性可能意義不同。女性在家工作，通常因爲可以兼顧家事，常常受到羨慕，心理壓力也較少。但是男性若在家工作，似乎就是那麼有一點點怪怪的。通常男性ＳＯＨＯ總還是會在外租間辦公室，一方面逃避做家事的心理負擔，二來也不用有白天見到鄰居太太們的尷尬。

我和外子一人一個書房，各自有各自的電腦，透過區域網路連線。後來發現原先的書房電腦桌的深度不夠，敲鍵盤時兩手懸空，非常辛苦。加上現在的螢幕越來越大，佔據太多桌面，雙手活動的空間就更少了。看到家中餐桌其實很適合拿來工作，於是我的腹地開始擴張，書房成爲一般工作區，電腦則放置於餐桌上。後來朋友來家中，又說我的位置正好在樑下不妥，於是傢俱又重新搬動。現在餐桌被移至客廳，沙發則放在餐廳裡。從傢具的擺設，可以看出我們家的工作主導性已經漸漸超過了生活主導性。

我是戀家的，從小就這樣。對我而言，可以在自己的家中工作，覺得很自在。我的電腦旁擺著各式我最喜愛的香水，想到噴一噴自己高興也不會影響別人。我通常一面工作、一面看電視。這本書也是在TVBS G的陪伴下，催生出來的。工作時，家中的狗狗會靠在我的腳邊，覺得貼心。工作累了，我會起身看看窗外的景致，或是利用洛可馬，加減消除一下多餘的脂肪。

也許對於別人，電腦是冰冷的，可是我卻對螢幕有著莫名的情感，我常常對著螢幕大笑，因爲好朋友「說」些好玩的笑話，或是看到非常有創意的讚美。我也會對著螢幕哭泣，爲著一個個感動人的網路故事。這一年來，我所有的心血，也都在我的電腦裡，除了自己的文章，與好友往來的信件、客戶資料、相關行事曆、帳簿……，都在這個冰冷盒子之中（其實應該說熱熱的電腦盒子，因爲使用時間很長，電腦通常都熱烘烘的）。停電時，我會覺得無所事事，也許會去洗個美容澡，也許打電話，或是到陽台看看書，但會有失落感。每天早上一起床，通常先上廁所然後倒杯水，先把電腦打開，看看回回E-mail，才去盥洗、吃早餐。

這是我的生活以及工作方式，可以說愜意，也可以說是乏味。

女性特質

如果有大女性主義者在看這本書，應該是會對Migi很失望罷！老實說，我強烈地認爲男女有別。女性的溫柔、細心、體貼、依賴、會撒嬌、處事較爲圓潤、偶爾會用一些小詭計、愛幻想、重感情，不只用在愛情上有用，用於工作之中，尤其是強調個人色彩的工作室，會讓自己的工作室更人性化，不那麼冰冷。剛剛提及的這些女性特色，在辦公室中可能是個缺點，可是在網路上，未嘗不是優點喔！

我對ISDN非常熟，對DOS、Windows 95、Windows NT也熟，但是我有許多客戶是使用MAC、OS2、FreeBSD、Linux、Unix……等，我一竅不通的操作系統（OS）。這時候就不能只靠專業了，還要會一點催眠、體貼，把自己知道的東西盡量提供給客戶，可是卻得說服客戶他有領悟的能力，因爲我實在對那些操作系統沒概念，想從頭學起又太難了，只好依賴客戶自己了。女性承認自己不懂，別人通常比較能諒解，甚至願意主動提供協助。這些優勢，是男生無法匹敵的。我的創業過程中，貴人多，應該與我是女生有關罷！經過一段

名詞一點通

OS, Operation System
操作系統

OS是掌管人與電腦間溝通的翻譯官。因爲人不懂電腦硬體說的話，而電腦對人的思想邏輯也抓不到頭緒。OS就是溝通橋樑。大家最爲熟知的OS應該是個人

時間的經營，我的客戶成們成爲我最好的技術支援小組，也讓米姬・嚇普成爲一個溫馨專業的網路店舖。

在此需要特別強調！我不是用美色吸引客戶，基本上我也沒有這個條件。況且我的客戶們也不是好色之徒。因爲我是女性，大家對我比較沒有防衛心，久而久之大家變成朋友，一大意就被我給利用去了，哈哈。新知識日新月異，單靠自己豈能跟得上時代，在家靠老爸、先生，上網就得靠網友啦！或是說依賴吧，由於女性依賴心重，真要我們獨自一人在網路上打拼，還真的怕怕的。所以囉！一上網先交朋友，有朋友撐腰，膽子也就比較大。

或許源於社會觀念與教育方式的關係，總覺得男人壓力好大。他們不敢發問、不能示弱、不能表現自己、不能說真心話。其實我是同情他們的，但是當一個男性或女性的條件差不多時，如果我是面試者，我會錄取女性員工。過去七年來，我雖然沒有在太多公司服務過，但是我發現女性較多的部門，比較有生氣。男性所主導出的部門文化，會較具功利傾向。可是大部分的企業是由男性來主導公司文化，書店的企管叢書也大都來自男作家之手。一種名爲人性化管理，實則爲侵略型的經營模式，就是目前大部分上班族所需面對的環境。

電腦PC所使用的OS，如DOS. Windows 95. Windows NT. OS2。但是電腦不只PC一種，其他如蘋果電腦、以及各式迷你型電腦，甚至在PC上，還有許多大家不一定熟悉、但是仍有許多人在使用的OS，如MAC.OS2. FreeBSD. Linux. Unix ……等。

Internet上，雖然也是男性在主導它的發展，但他們一上了網路，某種「特徵」似乎就跑出來了。網路上的男生多少有一點愛管閒事，喜歡七嘴八舌，重感情……。在螢幕之後，發問、示弱、表現自己或是說真心話，都變得自然。想想看，在現實生活中，身邊的男同事會主動提供你最新的技術資料嗎？除非妳非常美麗。可是我每天可以收到許多關於技術、時事、笑話之類的E-mail，這些資訊大都來自男性網友，即使他們知道我已婚、年紀不小、也沒有美麗的外表。閱讀各式專業、無厘頭、感人風趣以及無聊的E-mail，是我每天最期待的事。

因此，Internet非常適合女性發揮，只要把平常的個性發揮出來，不需要遵從男性訂定的升官規則，就有機會在Internet上，找到自己的天空。我喜歡依「直覺」做事，Interent上有時候真的不要想太多，Just do it.

（以上論述乃Migi個人言論，與大塊文化立場無關。）

女性SOHO常見的特質

其實應要把SOHO分爲男女似乎有點在搞分化，但是我也是不得已的，因爲十位訪問跟我聊SOHO話題的人，有十位都會問我女性SOHO的特質。因此我是被動地去思考這個問題，剛好也有一些心得，這些特點可能有些男性SOHO也有，但的確不如女性SOHO那麼明顯。

—直覺行事：我常常如此，管它的，做了再說。雖然有時還是會因此受一點小傷，但利多於弊。

—奇怪的理想：其實當SOHO，多少一定都有一些理想，但是女性SOHO，常會伴隨一些奇怪的理想。因爲她們的理想中，除了自己與事業，常常也會把家庭帶入。例如，我希望將來能有一家自己的咖啡店，我在店裡可以邊寫作、邊顧店。我家最好在咖啡店的樓上，小孩放學可以在店裡做功課，我的狗狗在店裡也可以有個自己的小角落。有一些喜歡的客人來店裡，生意不需要太好，這家咖啡店不需要爲我賺錢，但是也不能賠錢。

—**掌握問問題訣竅**：女性問問題，常能切中要害，一刀見血。不拐彎抹角加上適度的運用小詭計，常常可以釐清很多疑問。

—**突破窠臼、勇於冒險**：也許因爲已經下海當ＳＯＨＯ了，加上又有「後路」，毅力不見得能贏得過男性，但是膽量通常大些。

—**獨立**：除了能獨立完成工作外，生活上也比較容易表現得獨立。不過這點在我身上不是非常適用，呵呵，我是很依賴的……>__>。

—**感情用事**：別以爲女孩脾氣好，其實她們的爆發力是驚人的。以我自己而言，如果話不投機，我寧可不賺錢，也不願賣東西給對方。

—**有時無法欣賞別人的成就**：也許女孩子天生忌妒心較強吧！我發現雪中送炭容易，錦上添花難。

—**較易受挫**：毅力上，的確女性沒有男性來得堅定。所以遇到挫折時，女性比較容易放棄理想。甚至會因爲小挫折而有過度反應的跡象。

—有些事很白癡：奇怪？即使非常專業的男性，似乎比較不易對某些事非常白癡。可是這樣的情形，比較容易發生在女性身上。例如，我的駕照已經有十歲了，但是我不敢開車上路。

—喜歡幻想：幻想跟理想不同的，幻想基本上有一點脫離現實。不過，會帶來許多樂趣。也許有朝一日，幻想也可以變成理想。

１１ 全家總動員

狗狗出馬

一年前我並不是獨自一個人自己上網創業的，我帶著家中兩隻可愛的小狗一起打拼。在推出Migi's ISDN Shop之時，我也同步推出Migi's Dog Shop。我的狗狗活潑有趣，之前我在聯合報與民生報分別有兩個小專欄「犬事一籮筐」與「貓犬天地」，而主角就是我這兩隻寶貝狗。有了一個屬於自己的網頁，或是爲了炫耀吧！忍不住地將狗狗的相片與我在報紙上的文章，放到自己的網頁上。我的客戶中有許多愛狗族，不是被我吸引，而是被兩隻狗兒迷惑。我與中國時報某位主編認識，也是因爲她看到家犬在網路上可愛的相片，才主動與我聯繫。

虛擬店舖由於本就強調個人化色彩，雖然ＩＳＤＮ與狗狗是完全無相關的。但是透過好的安排，狗狗就可幫忙宣傳ＩＳＤＮ喔！多元化的經營是網路ＳＯＨＯ可以考慮的方向，因爲我的網站提供寵物資訊，網友在搜尋引擎上尋找「寵物」站台時，也可以找到米姬．嚇普，在欣賞我家狗狗同時，也可以順便了解ＩＳＤＮ。

題外話：

在網站上蒐集好多值得一去的狗狗網站，歡迎愛狗族蒞臨。

由於我愛狗的個性使然，我也常常流連於其他的狗狗網站，透過網路認識不少愛狗族。現在常常有網友寫信給我，詢問一些狗狗專業問題，只可惜我不是獸醫，只能幫忙轉信了。

在個人網頁中，除了看到狗狗出馬，最常見的就是小朋友惹人疼愛的照片！站主弄璋弄瓦，實在不忍心悶在家裡，家中可愛的小孩馬上在自己的網頁中佔有一席之地。不過，這個情形在最近治安狀況變差後，許多版主紛紛把相片拿掉，以免遭來無謂的困擾。我本來在網站上放了自己的照片，後來也換成漫畫。

爸爸出馬

張爺爺沒事兒就愛玩電腦，張爺爺可真是名副其實地「玩」電腦！他常戲稱自己在電腦上做的，都不是正經事兒，整天不是下棋、打麻將，就是優游網路。大部份的電腦族們，常困擾於要學習一堆新的應用軟體以追得上電腦潮流或工作需求。張爺爺可就沒有這樣的困擾了，一套象棋軟體一玩就是四年，三國麻將也玩了兩三年啦。最近剛接觸Internet，張爺爺還是以玩爲本，常去的網站也多是如故宮、算命、旅遊等休閒網站，最近更有要到各大下棋廳踢館的打算。

話說張爺爺如何開始接觸電腦的呢?也許大家可以猜到，是張家兒子以孝敬父親的名義淘汰舊電腦，張爺爺也本著丟了可惜的立場接受了兒子的孝心一片，一接觸便發現電腦沒有那麼神祕，就越用越順手了。我們常常看到父母爲兒女張羅電腦而鞠躬盡瘁，卻少見子女協助長輩們進入電腦世界。老人家要的不多，一部不太新的電腦、一點關心，便可以讓老人家輕輕鬆鬆玩電腦。

爲了方便張爺爺上網，張家媳婦蒐集了一些張爺爺可能會喜歡去的網站，透過網頁上的超鏈結，張爺爺只要按一下滑鼠，就可以暢遊各個旅遊、保健、棋藝、麻將等等，他喜歡的網站。於是在米姬．嚇普中可以找到一個Migi's PAPA Shop，是媳婦的孝心，也是張爺爺上網路的第一站。如果以「老人」作爲關鍵字，從各大搜尋站台也可找到米姬．老人嚇普。咦！還看不出來嗎？Migi就是那位孝順體貼的媳婦喔。

然而張爺爺現在也開始感到壓力了，張家媳婦竟然會發通告給他，或是幫忙促銷商品、或是接受媒體訪問。原來媳婦的孝心背後，還有附加條件的。還好張爺爺現在退休在家，打牌、下棋、上網路之餘，參與一些商業活動，也還算興致勃勃。

老公出馬

網路創業，通常最先遭殃的一定是另一半，或是男女朋友，我也不例外。在幕後，外子幫我分攤許多工作，事實上還有一些工作非它不可。而在幕前，我之前寫了一些懶人持家的文章，是分享我們兩個懶人的持家心得，後來竟害得外子遭同事調侃，我也覺得愧疚。

不過外子也有所堅持，就是絕不在媒體曝光，一方面有點害羞，另一方面怕被冠以「郎貌女才」的評語，呵呵。所以如果有媒體朋友看到此處，請就不要爲難我，在家中他才是戶長，他說不曝光我也沒輒，敬請見諒。

全家總動員

我與外子都是家中的小么兒，父母年齡都在七十歲以上，哥哥姊姊的年齡也與我們有很大的差距。因此我們倆，常常接受兄姐的照顧。米姬．嚇普創業初期，風聲未走漏時，我和外子兩人獨撐工作室著實辛苦。後來向家中公開我的米姬．嚇普後，對於家人給予實質與經濟上的支持，感念在心。

其實Internet也是維繫家庭關係的好工具。原先外子和我哥哥們沒什麼共同話題，現在哥哥打電話來，都不找我了，都只找外子，而談話內容不外乎電腦、網路。姊夫已經五十多歲了，是位軍醫，即將退休，除了自行開業外，也對網路開始產生興趣。有時我們聊網路、談創業，也興致勃勃。也許之後，姊夫也不見得就會上網發展，但是能夠暢快聊聊，對於家人間感情的凝聚，的確有正面的助益。

今年的春假我做了一個惡夢，一群小朋友來我家學電腦，那是哥哥姊姊們的孩子們。如果光教電腦也就罷了，老師我除了負責吃住之外，還要維持秩序。

我才知道，即使小孩子睡著後，也不得安寧，小孩半夜會尖叫，還會拳打腳踢，又怕他們半夜掉下床……。從此開始佩服安親班老師了，小朋友走後，我足足睡了十八小時，才勉強補回一點元氣。說著說著暑假又即將到來，前些天一通電話：「小舅媽，暑假要到你家裡學電腦，上網路！」血壓急遽昇高中。

全家總動員一事，不是我首創，施振榮先生的母親現在已成爲老人用電腦的代表人物。網路上的飛普新手（philip.wownet.net）之家及其飛普兒童之家（philipkids.wownet.net）也是一個例子。

編按：

寒暑假期間，Migi挺怕家裡有小客人來訪，但是教育兒童，尤其灌輸正確的電腦知識，卻是Migi當仁不讓、當務之急、擔心害怕的大事，親愛的讀者們，不知可否有兩全其美的好方法？不瞞您說，小編也有此困擾，對於小朋友，我也一向是又期待，又怕受傷害。

12 開公司嗎？膽子大嗎？

My trouble with office

成立工作室之初，最令我困擾的問題是如何去登記成爲公司？看看朋友的名片，有所謂的企業社、股份有限公司、有限公司……，實在有夠複雜。詢問大家，什麼資本額多少啦，公司法啦，還得張羅一位會計師……。

>_<

想到這些，本想放棄當ＳＯＨＯ的念頭的說。因爲不知如何克服，每個人給的建議都各說各話，弄得我一個頭兩個大。剛好我娘家和婆家，兩家都是一門軍公教，談到做生意，實在找無人幫忙。

::>_<::

結果ㄌㄟ？天上掉下來一位貴人，是位認識五、六年的有業務往來的廠商，以前大家的合作關係很好，於是打電話向他請教。他老兄二話不說，叫我給他請，發票、帳目可以由他公司的會計師一併處理。我的工作室產生的利潤與賦稅負擔，完全歸屬於我。而不跟我收取任何費用。

^_^

所以我現在是受雇於一家公司的網路SOHO族。

這是我的方法，其實每個人的狀況不同，我許多朋友直接就登記爲公司，經營依然順利。只是我對這部份手續不熟，怕造成誤導，原則上不要違法，請選擇自己適合的方法。

膽大心細，錯不了

我不太容易緊張，大部分的時候是遵循船到橋頭自然直的原則。我對人不太有防備心，很少懷疑別人，常被外子說我是被人賣了，還會邊幫忙數錢、邊說便宜的那種人。加上我天性樂觀，凡事都往好處想，常常苦了身邊關心我的人。

幾個月前，光臨我的網站，不但可以看到我的相片、我家電話、地址，以及我在各處上課、演講的行程。有不少朋友勸我如此太危險了！當時我只是想，已婚又不算美的女子，應該不至於那麼倒楣吧？做生意就是應該給客戶方便啊！後來因爲國內一些重大治安事件，在外子強烈要求下，我才開始考慮改變經營方式。不過我還是拖拖拉拉一直沒把這個攸關自己安危的事處理完成。

直到有一段時間，收到一些騷擾信件，網站留言板上被留下不堪入目的文字，以及半夜答錄機所錄下的不雅留言，才真的感到毛骨悚然，以及些許挫折。當下決定，暫時放下手邊上的工作，重新調整經營方式與網站內容。只在會員區中保留留言版，拿掉一般的留言版，此外電話、地址、相片，一律抽換。網友聯繫我，一律透過E-mail與傳真。

有時上網創業，膽子要大，但也要顧到自身安全，在此提供大家參考。

要有Trouble好難喔！

我很少說有什麼事很難的，可是要寫這一章時，實在不知如何下筆，因爲我很少遇到困擾！

13 Migi姐的多情感謝

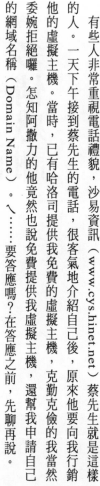

Migi姐

有些人非常重視電話禮貌，沙易資訊（www.cys.hinet.net）蔡先生就是這樣的人。一天下午接到蔡先生的電話，很客氣地介紹自己後，原來他要向我行銷他的虛擬主機。當時，已有哈洛司提供我免費的虛擬主機，克勤克儉的我當然委婉拒絕囉。怎知阿撒力的他竟然也說免費提供我虛擬主機，還幫我申請自己的網域名稱（Domain Name）。ㄟ……要答應嗎？在答應之前，先聊再說。

沙易資訊位於台南，蔡先生也是一位網路ＳＯＨＯ族，從他的言語中，可以清楚感受到，他就是典型「利字放兩旁、道義擺中間」的理想主義者。一通電話，送了一堆我很需要的服務給我。當天傍晚，我的網頁資料就送上沙易資訊的主機了。自此之後，沙易資訊的確提供了最體貼的服務，而我的表現當然也沒辜負蔡先生的美意！就這樣，透過網路與電話，建立起特殊的網路友誼，這就Internet生活的最真實寫照。之後，在沙易資訊所屬的無限網盟（www.infinity.net.tw）安排下，我到成大電算中心，做一場演講，才終於看到蔡先生以及他的工作室。而到現在他沒從我這收到錢，充其量只是幫他介紹一些生意而已。對於沙易資訊，我實在沒話說，誇張一點地說，他們對Migi Shop的服務，幾乎到了有求必應應的地步。不過對於蔡先生，敝人就有一點小小不滿了，他的年紀沒比我小很多，老是叫我「Migi姐」，唉！人太禮貌了也不好。

其實在Internet上，喊我Migi姐的人不少。交大BBS站小版僕Siklo的「小姐姐電子刊」（siklo.dj.net.tw）在Internet上小有名氣，每次看到Siklo的信，總是滿臉笑意。他的網路語法相當熟練，表情豐富，這些喜、怒、哀、樂（^_^、>_<、;>_<;、~>.<~、^.^……），可都是跟他學來的。Siklo熱情而主動寄笑話、以及一些專業資訊給我，是我主要的網路線民。而現在他則是我的ISDN助教，尤其當我在線上討論ISDN，他可是隨傳隨到。靠著Siklo的小姐姐魅力，我這個Migi夫人常常只能在一旁跟老年人談話……>_<。一次演講中見到Siklo，相當靦腆，和網路上活潑的Siklo有很大的差異。

小我八歲的May，文筆好、氣質佳，跟她原本只是單純的買賣關係，我賣了一台ISDN設備給她。透過電話與E-mail溝通，話題不自覺地從ISDN移向生活、想法、感情、未來……等等，需要挖掘才能分享的內心世界。May雖然年紀小，但對於許多事情有深刻的領悟，透過她清新的文字來傳達，分外感人。藉著與她的文字交流，似乎也開啓自己心中一個自己都不曾發現的門，讓我珍惜。我們第一次見面是在敦南誠品書店的閱讀咖啡，短髮、鵝黃色圓領毛衣、深綠色窄裙，她美而細緻，話不多，愛笑。於是我們的友誼從Internet走回真實世界，我到台北時，會邀她到咖啡店喝杯果汁她有時也會到新竹來小住幾天。認識她也有半年了，這半年來，幾乎每天都可以在信箱裡看到署名爲May的信，而我也每天寫給她。在此呼籲，請大家不要寫信給我，要求牽紅線。May即將要遠嫁海外，我心裡正難過著呢！

雖然我常開玩笑地不願人家稱我Migi姐，但實際上，我是喜歡這樣的稱謂的。就像「小燕姐」一樣，這之中其實包含了一些親切與尊重。尤其當大家看到我這個Migi姐時，露出「妳看起來也沒有很老」的驚訝時，也會有一點得意。

緣份

有時真的不能不相信緣份，爲什麼和特定的一些人之間，就是能夠有一些出乎意外的互動呢？

亦芳

1994年春假，我們夫妻和小朱夫妻以及他們的兩位朋友一起前往澳洲渡假，認識了亦芳，亦芳小我三歲，但不叫我Migi姐。亦芳在建築師事務所中負責模型製作，由於興趣，星期六可以看到他在假日花市打工。我對於花草一向有興趣，這一趟澳洲之行，向他請教不少關於花草的知識。回到台灣，亦芳來我們家玩，帶了七、八盆植物來，讓人窩心的是，每盆植物都會說話。其中一盆是香水百合，因爲我在澳洲告訴他，外子喜歡有香味的花。一盆仙人掌，是因爲他記得我敘述我家陽台日照很好……。

就這麼我們成爲好友，自從我當了ＳＯＨＯ之後，跟他的配合也越來越多了。我的第一本書《當ISDN遇見Internet》，其中三十八則好玩、生動、可愛的漫畫，就是出自亦芳的手筆。我在許多雜誌上發表的文章，之所以生動，也要感謝亦芳的漫畫。這一年來，亦芳是我的的美術魔術師，每每一通電話，就變出許多小圖案或是漫畫出來。從我一開始當ＳＯＨＯ族，亦芳就陪著我，我當了一年的ＳＯＨＯ，他也幫了我一年的忙。

亦芳在去年結婚了，如今他美麗可愛的妻子，也成爲我們夫妻的好朋友。

Hiro

和Hiro之間，除了緣份不知該給自己什麼樣的理由。他是我的一位客戶，也是專業音樂製作人，和我所有的客戶一樣，他沒有得到我任何的減價優惠，向我買了一台ISDN設備。過去，我曾錄製一卷卡帶，提供米姬．嚇普的網友們索取，輕輕鬆鬆地認識ISDN。該卷錄音帶雖然是在專業錄音室錄製的，但由於後製作不當，因此聲音品質不太好，讓我一直希望能夠改善。但是，對於錄製聲音帶相關事宜真的是一籌莫展，於是寫了封簡單的E-mail請教Hiro。而事情的結局是他義務爲Migi張羅錄音室、親自爲米姬．嚇普編寫多首優美動聽的曲子、百忙之中還花七、八小時下海陪Migi灌製CD。而錄音當天，我跟Hiro是第一次見面，他有一雙美美的眼睛。在Hiro的協助下，我以最少的費用，製作了一片讓我自己滿意的ISDN介紹CD片——當ISDN遇見Internet。

網路菁英

一日家中坐，電話鈴響，接到Mavis畫眉鳥的電話。她是全民廣播電台的資訊哇蛙族節目主持人，因爲看了我的書《當ISDN遇見Internet》後，直覺覺得我應該是個健談的人，打算邀我上節目。女性的直覺，果然犀利。Mavis本身也是Internet叢書的作者，她的《嗯！上Internet我也會》系列書籍在電腦書中有相當的口碑與銷售量。於是就約約見面啦！Mavis不但出席，還邀了聯合晚報的小朱與松崗的Nonny，四個女人的聚會，聲勢驚人。那一晚上，是理想與夢想的對話，吱吱喳喳中，竟然構築了一個「水晶球計畫」。那天我們談到餐廳打烊，轉戰麥當勞，絲毫不敢疲倦。至於「水晶球計畫」是啥東西？她是Internet上的一個夢想，神祕有爆發力……。話說這三位女子，在我的創業過程中提供我相當多的協助，我以當她們的朋友爲榮，不知她們是否也是？

以前常認爲女孩才喜歡聊天，Internet上三叔六公比三姑六婆多得多。網路上有一位仁兄，聊天室開一間不夠，一開就是五間，那就是瘋狂麥可聊天室（www.dj.net.tw/~mike0611/chatx.htm？）沒事我喜歡到麥可的聊天室逛

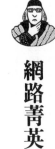

逛，跟大家聊聊天，我在網路上可有許多名字喔，大家小心。現在每週四晚上八點，我固定上Mike的聊天室裡，和Mike的客人們聊ISDN或ＳＯＨＯ，不知會不會到了五、六十歲，我還在那裡跟大家聊天呢？

您是Office的使用者嗎？千萬要記得一個網址www.office.com.tw。這個網址的主人陳永隆幽默風趣，尤其聽他上Office課程，請千萬要養足精神，否則想打瞌睡又捨不得，是很難過的。最近他推出一系列會轉彎的Office彩色書，推出一週後，熊熊就第二刷，忌妒得我眼睛都冒火了。現在管它Office 95、97還是99，我都不怕，因爲我有一位網路Office家教，只要一封電子郵件就一切搞定。

小仔是我高中同學，一群吉他社好友畢業後仍常連絡。十多年的感情，雖是朋友，卻感覺比較像親人。每年固定節日的聚會，從單身赴會到攜伴參加，然後在聚會中教訓小孩。我們這群從十六歲就認識的朋友，從當初的年少激情走入現在大家紛紛爲自己衝刺忙碌的重要階段。小仔畢業於政大心理研究所，現在某醫院擔任心理師。除此之外，他在網路上擁有一間自己的診所，潛意識網路心理診所（www.lit.edu.tw/~upsc），他是院長。在他的診所裡，除了可以找到專業的心理諮詢服務，還可以看到各式案例與資料。對於心理學有興趣的讀者可以一試，或是心中有困擾的人不妨去看看，也許透過Internet跟他談談話，可以改變自己的想法。這個相交十餘年的朋友，最近這一年對他有了新的認知，也許真的是文字比語言更能傳遞一些想法吧！我從E-mail 中重新認識了我的一位老朋友。

業界前輩

我在我父親五十歲與母親四十三歲時出生，身邊我喊叔叔伯伯的人，實則都可以當我爺爺。而鄰居的哥哥姊姊們，起碼也都大我七、八歲以上。家父在法院工作，我們住在法院宿舍中，鄰居也都是爸爸法院中的同事，我們十多戶人家，就好像是親戚一樣住在一起。我是宿舍中最小也可以算是唯一的小孩，因此很得寵愛。或許也因爲如此，我很習慣與長輩相處，嘴也特別甜。

工作之後，不知覺中發覺我跟主管大都處得不錯，長輩們也會給我相當多的建議與協助。以我這樣小小的工作室米姬・嚇普，能夠參與許多大案子的推動以及重要資訊的取得，也全靠前輩們的抬愛。

由於不想藉由我心中敬佩的長輩們的名聲，提升自己的身價，因此不列出他們的大名，我相信他們會知道我的感激的。^_^

媒體

大部分的人知道米姬．嚇普，通常是透過媒體，而米姬．嚇普這一年沒有爲刊登廣告花下任何錢。Migi's Shop 曾在多少媒體上露面呢?聯合報、民生報、自由時報、聯合晚報、中央日報、光碟月刊、Run!PC、第三波、CompuLife Today、.net、網路通訊、網路資訊、全球網際網路雜誌、電子電機公會雜誌、PC Office、全民廣播電台、環宇廣播電台、衛普電腦台、衛視中文台、傳訊電視。在此謝謝大家抬愛，也請看官們不要忌妒喔，機會要靠自己有計畫地去創造。

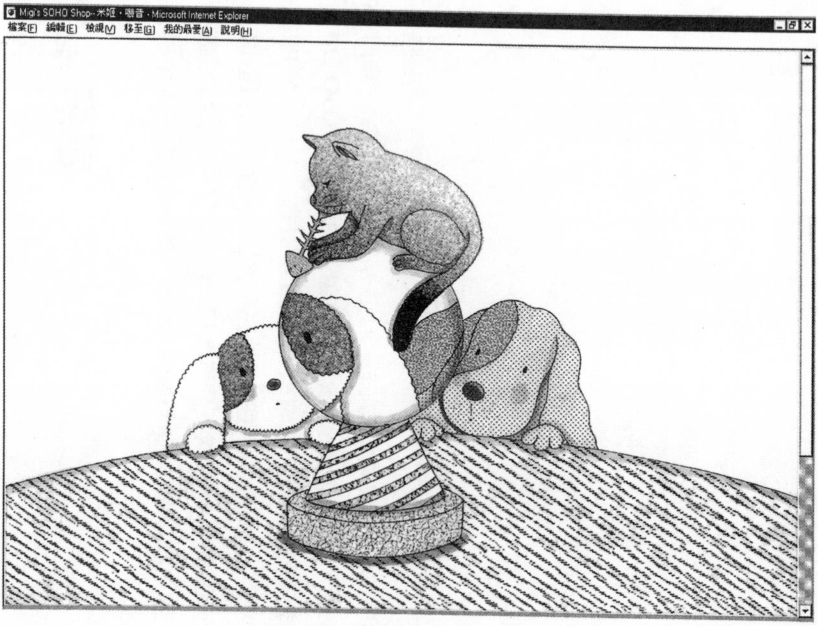

編按：

大塊文化的編輯不斷逼問「水晶球計畫」究竟是啥東東？

Migi一向口風很緊，無論如何就是不肯透露。今後還請大家多多關心Migi動向，一有消息，一天之內回報者，必有重賞。

14 數位革命在台灣

趨勢報告

一九八九年八月二十六日，我買了一本《趨勢報告》，開始知道原來除了企管、電腦、科技、小說、散文、傳記之外，還有一種好玩的東西，叫做「趨勢」。這本書在當時的確開啓我某些思考茅塞，當時覺得書中所提切中要害，也驚訝於敏銳的觀察力與思考能力可以如此。一九九三年，我又重新閱讀《趨勢報告》，因爲第二次看「趨勢報告」時，我還是學生，沒有太多的工作與社會經驗，還沒有太深刻的感觸。四年後，我有了一些工作體驗，加上他的許多趨勢預測成爲當時實際狀況，覺得有趣會心。

前一陣子，翻翻這本書，豁然領悟自己的思惟模式竟被左右了好些年……真可惡！我竟然沒感覺。我習慣於觀察一些狀況，常會思考一些即將發生、或可能發生、甚至於不會發生的事。有些事情我以爲是自己想通的，結果原來是被「趨勢報告」催眠的。我一向看書，對於細節看完就忘，但是有些東西，會不知不覺就成爲觀念中的一部份。我特別愛看傳記，但是真要問我什麼偉人做了什麼事，我還真的不見得清楚。

這些年看了國外不少趨勢、社會、文化方面的資料，仍然覺得《趨勢報告》好，因爲書中看到的例證就在身邊，而不是一堆外國人、外國公司在台灣之外的土地上發生的事。

趨勢報告中列出五十個趨勢，透過例證與深入探討，讓大家了解以後有可能發生哪些事情。書中第五十個趨勢是「通訊技術的關鍵性與困難」，四頁的內容中，雖然不能很深入地探討這個問題，但是明白指出，被政府或特權管制通訊的國家，將失去競爭力，而現在我們真的遇到了。我在想如果詹宏志先生現在再寫一本趨勢報告，有關於「通訊」的探討應該會在書中佔有更多篇幅才是！因爲「通訊」一事，正在主導著我們的生活。

我畢業之後，投入通訊業界，對於「通訊技術的關鍵性與困難」有強烈的感受。當大家高喊Information is everything之際，我們的資訊（Information）卻陷在網際網路塞車的車陣中，卡在遲遲未開標的ISDN建設以及申請不到的大哥大門號裡。基本上，我不反對電信國營，因爲若完全民營化，許多長遠的電信規劃可能會犧牲在商業利潤之下。以ISDN爲例，目前普及率最高的地區是德國與日本，該國家的電信機構雖是獨立公司，但也像是我們中華電信公司一樣，由政府主導。因此，國家整體建設與競爭力的重要性，是在利潤之前被考慮的，這和美國電話公司將本求利的經營態度有很大差異。可是台灣的電信政策最近似乎因民營化的呼聲而飽受壓力，似乎利潤是比國家整體建設來得重要些。

前一陣子，一位德國朋友來台灣，告訴我他在德國申請的GSM 無線電話門號，不但在歐洲各地使用沒問題，在香港也可以用，卻偏偏在台灣就無用武之地。日本的記者，有較爲緊急的訪問稿，只要找到電話亭，就可將他的筆記型電腦（Notebook）內的資料透過公用電話亭中的ISDN插孔，快速而且便宜地傳回公司。

最近，政府很顯然找到許多專業人士協助幫我們的政府官員撰寫官方稿。雖然我對政治不敏感，但看到官員所講的言之有物的官話，不難發現專家真的有在做事。諸如「建設台灣成爲亞太營運中心」、「建設國家高速公路」、「提升國家競爭力」、「國家改造工程」、……，一看就知出自專家之手，其實的確有人知道人民需要什麼，國家未來的出路在哪裡！只是……唉！口號容易說，但知易行難哪，官員說歸說，是否真的有所體認而有積極有效的行動？九年前「趨勢報告」上的警告至今仍然管用，『假設任何國家處理、取得、使用、分配資訊的通訊技術受到任何管制，這個國家將成爲落伍的國家，從電腦發明後，這個預警完全成爲事實。』

數位革命（Being Digital）

數位（Digital）的相反是什麼？最容易得到的答案通常是「不知道」與「類比（analog）」，而尼葛洛龐帝（Nicholas Negroponte）在《數位革命》（Being Digital）一書中，卻給了大家一個當頭棒喝的答案，那是「物質」。數位革命之後，身邊的物質逐漸被數位所取代。想想看，以前照相選擇要用富士或柯達的相紙，數位革命之後，我們關心的是儲存成哪一種檔案格式，讓別人也能分享。我有很多朋友看過我家狗兒的相片，不是透過穿綠衣服的郵差先生寄送的相片，而是經由電話線，向我取得狗狗的相片檔案。以後若我有了自己的孩子，相信他的照片或影像也將透過電話線，傳遞到世界各地的好朋友電腦中。

尼葛洛龐帝創辦了美國權威的「麻省理工學院媒體實驗室」。而這實驗室，除了有專業的背景外，很重要的工作便是將複雜的理論，轉換成爲真實的產品與淺顯易懂的文字。有時候想不通，爲什麼我們台灣的實驗室或研究所中的專家們，都只會說「科技文言文」，除非是科技界的一員，或是要有相關的背景知識，才能聽懂那些「科技文言文」。不知是否那些專家們覺得講一點「科技白話文」，會有辱他們的身分，所以不願與民眾對話。「數位革命」這本書讓我們看到，深奧易懂的的專業通訊觀念，值得一般讀者一讀，也值得台灣通訊專家們反省。

數位革命的確是一件大事，也許很多人沒有感覺，可是它真的正在發生。Internet是最好的證明，最近兩、三年內，電腦從科技產品變成民生用品，全拜Internet之賜。而Internet 只是數位革命中的第一艘攜帶著洋鎗洋炮的船艦，相繼而來的還有好多艘船艦呢，影像視訊電話、數位電視、數位無線通訊系統、虛擬實境、光纖到家……。

數位革命到底是什麼?簡而言之，日後所有的資訊都將被以0與1的方式存在，聲音、影像、圖片、資料、思想、感覺、情緒、……。當所有資訊都數位化之後，電視、廣播、電話公司已經沒有差別了，誰能擁有道路，誰就可以主導未來。這樣的一個時代來臨，我們要面臨什麼樣的衝擊呢?我知道一些，但也無法全然掌握，畢竟在台灣我不是這方面真正的專家，沒有能力與資格說了就算。在此僅分享我的一點點想法，因爲覺得自己有一點責任與理想，也許您已經開始調整自己的思惟邏輯與應變能力，迎接數位時代的來臨，但是不要忘記提醒身旁的親朋好友。

1.距離觀念的改變：美國當地剛發現的新病毒，不會因爲世界第一大洋太平洋的阻隔，台灣就可以免疫。可是從另一種角度來看，有人即使身在美國也不會感染病毒，因爲他還沒進入數位世界。

2.時間觀念的改變：某些人的時間會越變越少，但有人的時間卻越來越多。

3.非同步通訊時代：E-mail便是一個非同步通訊的例子，答錄機、傳呼機也都是，這樣的通訊方式，可以過濾出訊息的重要性。以後也不再有夜晚與白天、工作日與週末的差異，每個人可能可以自主地或被迫地重新安排生理時鐘。

4.使用者界面的突破：目前與電腦溝通的界面基本上還是人將就電腦，但是總有一天電腦是會屈服的！

5.新的邏輯：年齡、性別、好壞、真假間的相對觀念大逆轉，也許可能變得沒意義。

6.大公司越來越大、小公司越來越小：SOHO事業興起，但壟斷性事業也更見跋扈。

7.族群化：有共同特質的人總喜歡在一起，透過網路、透過聲音、透過影像視訊，成爲封閉的新族群。

數位革命在台灣

工業革命對於西方國家是光明的、璀璨的。但是對於大多數的亞洲國家，如中國，可是一場浩劫。跟得上工業革命腳步的國家，享受著文明的甜蜜果實。而無法跟上革命腳步的國家，則只能淪落到被先進國家解放的厄運。雖然至今仍有許多國家還未從工業革命中的陰影中走出，「數位革命」卻毫不留情地以更具影響力的方式，醞釀起來。「數位革命」是人類文明的另一個里程碑，受惠者將可以順利地前進未來，爲子孫種下安渡數位生活的種子。可是若沒能跟上數位革命的腳步，卻是一場文明的浩劫，也許又是一兩百年無法翻身。

在台灣人民的努力下，在文化上雖然仍然悲情，在生活與經濟上，我們應該算是突破了工業革命所帶來的百年厄運。可是當我們才開始享受擺脫厄運的時刻，「數位革命」又橫亙在眼前，要我們抉擇。當然囉！每一個人或政府面臨這樣的抉擇，一定會說"Yes, I do"，但是這可不是說說，就可以讓我們成爲「數位革命」中的戰勝者。台灣正站在一個轉捩點上！我們有機會進入數位文明，因爲台灣人的積極進取，我們也可能被摒棄在外，因爲國家數位通訊建設的落後。

我們現在以跟世界同步的速度使用電腦，但是卻無法以同樣的品質將快速電腦中的資訊傳送出去，也無法有效的吸取資訊。當資訊沒有流通時，是無法稱為資訊的，那只是沒有感情的0與1。台灣的經濟向來是民間領導政府的，對於PC業、半導體業這樣的產業而言，我們創造了經濟奇蹟，然而在通訊產業上，如果沒有務實的國家政策搭配，單靠商人上前線打拼，後方毫無支援是很難有成效的。需知，通訊基本上是非常本土化的建設，就如同交通建設一般，國外即使有非常先進成熟的傳輸技術與成功案例可依循，沒有完善的、本土的整體建設行動，也是枉然。

台灣是有機會跨入數位文明的，甚至扮演舉足輕重的角色，但是如果沒掌握到時機……。

思緒突然拉回滿清末年，有人倡導革命，有人抱著傳統不放，突然覺得自己像個革命志士，但是又不夠積極，就當我是個苟且的革命份子吧！提出一些我的革命理論，大家也就姑且聽一聽吧！

—教育：當初放棄四書五經改學科學、白話文學，中國的學者也是經歷一番革命，才拋下一些包袱。現在呢？當初四書五經的教材，是否也應隨著時代的腳步而有革命性的突破呢？如果我可以在國、高中時期，不要學那麼艱深的歷史、地理（請注意，我不是說完全廢除歷史地理，而是不要那麼難），而讓我有一些經濟、成本的觀念，我認爲對我幫助較大。

—國家資訊基礎建設：Internet三年三百萬人上網，現在成爲一個口號。但是真正要做的是讓三百萬人快速地上網，而且網路上真的能提供有用的資訊。我們的資訊高速公路，不是有就好，我們需要暢通的道路以及豐富的資訊。交通部長在巡視飛機、高速公路建設同時，也該常到Internet上巡視一番。而在Internet之外，我們還有好多路要走，無線通訊、光纖網路、更寬頻的通訊時代、……。

—法律：法律如何規範在Internet上的行爲，Hacker是網路上令人聞之色變的不速之客。是否能有適當的法律，能夠將他們繩之以法？現在，當我受到Hacker侵擾，我能做什麼？告到法院？告誰？找警察？也許找找網路上的正義使者或雷公，可能比較有用。

—二十四小時政府：他不一定要隨時有人，我想大家不介意面對電腦螢幕，但是需要有齊全的資料，以及簡便的操作程序。

—以及其他的傳統建設：如交通、治安……等。

一起來當數位菁英（Digerati）

因爲我是網路ＳＯＨＯ，加上我在通訊業界工作七年的經驗，似乎不知不覺地比較早跨入數位生活。也因爲如此，覺得有一種使命感。

我試圖用文字、工作成果、言語去影響別人。這也是一種直覺，無分男女，如果您也是ＳＯＨＯ一族，您應該對於以上所言有些感覺，如果您也是網路ＳＯＨＯ家族成員，別忘記您也是一位數位文人，希望您也肩負起使命，爲著台灣的數位革命而努力。

ＳＯＨＯ，利潤之外，多少要有一點理想，小理想或多或少一定有。但是理想也要突破格局，因爲我們剛好在這一個時刻，接受這樣的工作，接觸這樣的環境。爲什麼清末民初，那麼多的留學生投入革命的行列，因爲他們有幸在那個時刻接觸一個新世界，也因此要負起革命的責任。而網路ＳＯＨＯ們，既然我們比一般人，先接觸且認證了數位生活，宣揚數位理念，也是我們的時代使命，責無旁貸。

有人說Internet帶動另一次的文藝復興，想想看！在有E-mail之前，多久沒與人通信了，通常真有事溝通靠一通電話就可以解決了，何必大費周章買信紙、寫信、寄信，又浪費時間。Internet，讓文字又成爲人與人溝通的重要媒介。文字所能表現的情感比起語言來得深刻，我常爲一些文字而感動，但很少因爲誰說了什麼話讓我淚流滿面的，或許也是因爲要說充滿感情的話又不能太肉麻，還是需要些許勇氣與智慧的。

文字可就不同了，還記得外子當兵時，是我與他感情進展最快的一段時間，我們認真地寫著從來不敢說出的文字，透過文字來釐清自己的想法與對方的。我真的不記得第一次他跟我說「我愛你」的表情了，可是腦海中還深刻記著他醜醜的字寫著的「我愛你」。

這一年來，在Internet上發出多少文字？收到多少文字？不可否認，我對文字產生感情。例如「憤怒」二字，我看得到文字間流露出的怒氣。文字的力量是懾人的，如果您是一個網路ＳＯＨＯ，相信也將要與文字長期爲伍，善用它，將會發現另一個世界。

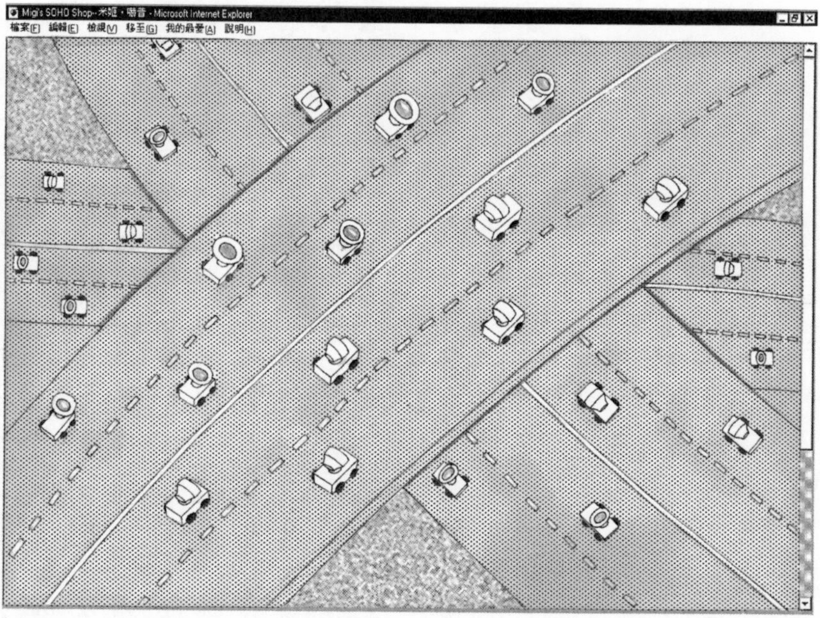

編按：

來呀，大家一起爲台灣的數位革命而努力吧！

１５ 未來新生活

SOHO想要的工作生活環境

SOHO應該是一個趨勢，即使如Microsoft（微軟）這般領導世界軟體技術的翹楚，仍然要藉由與不同SOHO的合作，發展出更新更好的應用軟體，因為沒有人能抗拒SOHO的創造力與爆發力，而未來世界也許將被這些人所主導。

我是一個名副其實的繭居族（Cocooning），我不喜歡出門因為有酸雨與紫外線，惱人的交通狀況也讓我在出門時感到心情不佳。即使網路、電話可以減少我出門的機會，但是由於與我溝通的對方不見得有適當的軟硬體，我仍必須離開我的小窩，才能完成一些關鍵工作。出門，如果是為了工作，那是真的非常沒效率，當然出門為玩樂或散心，就不要以效率二字來衡量。每次從新竹到台北，除了等車塞車外，相約的人總是會遲到，或是我自己遲到耽誤到別人。

現在對於見面談事覺得有些不適應，倒不是因為我怕羞，也不是因為我不喜歡對方。只是不喜歡面談所帶來的奇怪現象，首先好像一見面直接切入談話主題是件不禮貌似的事，所以總要找許多無關緊要的話題作爲開場。同樣地，結束討論後也不能立即說再見，顯得太不通人情事故，所以要絞盡腦汁做個愉快溫馨的Ending或飯局。見面如果約在外面，倒也還好，但若約在對方家中或公司，現在的人總是有忙不完的事，所以要專心與訪客討論什麼事情也相當困難，也許是電話、也許有緊急事件要處理，有時甚至根本不見人（親愛的大塊編輯，我不是暗指貴公司喔！我非常喜歡到貴出版社玩，因爲有書看又有得拿）。這是非常普遍的現象，我以前在當上班族時，也常常這樣對待我的訪客，但也都出於無奈。

我想，兩年之後……

一早起床打開電腦看E-mail與收聽語音信箱（這與答錄機有所不同，乃是數位的語音信號，必要時我可以把這段語音留言再轉寄給其他人），並做回覆。基本上如非必要，我不希望別人直接用電話找到我，因爲不定時的電話，尤其是數量眾多的不定時電話，會攪亂原先安排好的工作。相信許多人應該也有同感，我還記得有一陣子，每天要接好多電話，而每通電話的背後可能又帶出一些工作，常常讓自己手忙腳亂。對我來說，尤其在以前當上班族的時候，不定時電話真的是我的惡夢，因爲它常常讓我得把白天該做完的事，留到夜深人靜時才能完成。

目前我不敢不接電話，因爲語音信箱或E-mail還未百分之百普及，若是普及了，我就不會接意外電話了。我相信我們該走入一個「非同步溝通時代」，透過E-mail與語音信箱，將需要溝通的事情先做準備與釐清，也避免耽誤到對方的時間。也許透過幾次往返，便可清楚地傳達雙方想法，以我而言，目前我很多的交易便是透過三、兩次的E-mail往返便順利完成，不覺得有何障礙。

當然，還是不可避免需要同步溝通，此時可以透過一般電話或是視訊電話，做有效且有系統的聯繫。我曾經打算買一台影像電話，後來發現只能拿來跟賣我設備的廠商對談，因爲視訊電話普及率實在太低了。有朝一日，影像電話真能普及，加上一些附加功能，SOHO真的就可以不用東奔西跑了。想像著透過影像電話教導客戶安裝設備，或是藉由影像視訊系統演講。只不過到時家中是不是要有一個燈光美、品味高的攝影棚？也因此不能像現在這樣穿著睡衣在家工作了！

常常要跑郵局，好希望郵差先生送信時順便把我的東西收走，雖然快遞公司會到家裡來收東西，但是太貴了。小時候，固定的時間，總是會有固定的叫賣聲，或是臭豆腐、或是包子饅頭，隨著大家走出家庭，商人們也走進市場或其他的固定賣場之中。但如果ＳＯＨＯ普及了，家中人氣活絡，這種叫賣的市場將又會蓬勃，ＳＯＨＯ在家也不用擔心沒東西吃，若佐以活動郵局、活動文具店……，那對ＳＯＨＯ而言，就真是一個福音了。走筆至此，還沒吃中飯，想到第五元素電影中的那家烤鴨店，……我的美夢。

ＳＯＨＯ有時的確是很孤單的，我們需要一個組織協助讓我們能夠更專業，也能夠有更大的發展空間。在美國早已有了如SOHO America(www.soho.org)的組織，提供ＳＯＨＯ包含法律、財務、稅務、行銷、資訊、保險、諮詢……等各種的協助，一年只需花費美金九十六元。期待在台灣也有人能夠提供ＳＯＨＯ相關的幫助，讓我們在無憂無慮的環境下，專心為自己與台灣努力。

未來酒會

五年之後……

星期天，我和外子將要參加一場重要的酒會。

面對家中的電腦管家（更人性化的電腦，有更平易近人的操作界面），我簡單扼要地敘述（語音輸入）我和外子打算選購兩套參加酒會的服裝。於是電腦管家開始詢問我一些問題，例如：酒會場合、其他參與人員年齡職業、喜歡的顏色、自己想透過服裝所表現的特色、喜歡的材質、想要選購的服飾種類、當天的髮型……（一個協助主人思考的詢問方式）。

在親切的詢問之後，電腦管家以非常快速地周遊全世界找到一些適合服飾，如果我需要，我也可以看到設計師的設計理念、以及設計師的相關資料（無限延伸的資料庫系統）。由於外子和我完整的影像資料，早已在我們電腦管家的記憶之中（數位化的個人資訊）。於是透過螢幕，可以看到我們夫妻倆試穿著各種不同的服飾，走在模擬的場景之中（由於需要較大的計算能力，電腦本身須有較強的運算能力）。

花了一點時間，我們選擇了一套挪威設計師的女性晚禮服與紐西蘭設計師的男性晚宴服。但是我希望那件晚禮服的局部能夠做些修改，於是留封語音信件給設計師，雖然我們不會說挪威語，但我們的電腦管家會處理，不用擔心（線上自動翻譯系統）。挪威設計師也看到我穿著他的服飾的模樣，同時聽到我的留言，很快爲我做一些修改，於是我找到我們參加酒會的最佳服飾。（由於影像資訊要快速傳輸，必須要有好的傳輸媒介，所以要依賴光纖傳輸）

在我下決定之後，電腦管家幫我們下訂單，訂購了兩位設計師的數位服飾設計資料，同時將數位資料傳給離我們家最近的製衣廠，由於有齊全數位資料，很快地我們要的衣服完全沒有失真地被製造出來，送到我們家。當然，我們的管家也絲毫不差地把我們該支付的費用，轉帳出去（已經不是塑膠錢幣的時代了，是數字錢幣）。如果你的管家夠貼心，他還會順便提醒你，該月的消費狀況。

我們夫妻倆身著恰當但不失特色的服裝，聯袂參加這個酒會。遇到一些熟悉但從未謀面的朋友（雖是多年好友，但總是透過通訊網絡聯繫），也有朋友無法參與盛會而透過虛擬實境以及影像視訊和大家閒聊。這天，我們和某些朋友有一些討論，透過我的手錶、戒指、或胸針（小型隨身電腦），再藉由快速的數位網路，通知家中的電腦管家記錄當天我們的協議內容，並且針對相關事項做妥善處理。

基本上，我對未來的幻想力是很差的，因爲我有專業的包袱；但是，上述的酒會，決不是幻想。在科學家的實驗室裡有成熟的技術，等待著政治家與企業家實現於我們生活之中。

審判日

十年、二十年之後……

我也只不過和現在的小燕姐差不多年齡而已，可是整個世界應該已經完全變一個樣子了，我不太敢預言，所以不妨先去看看電影滿足一下吧……

Migi's SOHO Shop--米姬
Microsoft Internet Explorer
檔案(F) 編輯(E) 檢視(V) 移至(G) 我的最愛(A) 說明(H)
1.將個人三圍、喜好、用途……各項資料輸入電腦管家……
2.管家快速找到適合款示，讓主人在螢幕上模擬穿著，提供主人選擇。
3.管家幫主人下訂單，將主人資料伝給該款示服飾の設計師，請他儘快設計修改。
設計師將客戶所訂の服飾数位資料伝給離客戶家最近の製衣工廠，製造並送至客人面前。
OK……

編按：

瞧瞧Migi做的夢，是不是挺有意思的？以小編對Migi的了解，她是一個很踏實的人，今天，連Migi都敢這麼預言，看來好玩的日子是不遠了。

16 SOHO的傢俬

硬體設備

常常有人以爲要當一個網路ＳＯＨＯ，在設備上的投資一定相當可觀；我個人覺得還好乀，爲滿足大家的好奇心，現就詳列個人的硬體設備，供大家參觀比較。由於每位網路ＳＯＨＯ，工作的內容不同，我的傢俬可不一定適合每一位網路ＳＯＨＯ，例如如果是從事美工設計的ＳＯＨＯ，可能彩色印表機是必備產品。又，如果是光碟設計公司，這時候光碟燒錄器相信一定不能少的。我的設備，某方面說來算是很齊全了，所以準ＳＯＨＯ們，可不要以爲需要把下列設備買齊全，才能上網奮鬥喔！老話一句，只有自己才會知道自己需要什麼？

—Pentium—166 PC 兩台：原則上我都在特定一台上工作，另一台是外子的電腦，但有時也成爲我的測試環境。

—分別配以十七吋螢幕：整天面對電腦，太小的螢幕對自己是種折磨，當然在顯示卡的挑選上，也不能太差喔。強烈建議，ＳＯＨＯ族對於螢幕選購可千萬不要隨便。

—**分別透過網路卡，連接成一個區域網路LAN**：由於周邊配備較多，因此分別連在兩台電腦上，透過網路卡兩台電腦互相分享周邊設備。

—**雷射印表機一台**：我的第一本書由我自己排版、列印。印表機我認爲是SOHO必要配備，因爲不是每一位往來對象都用E-mail，有時如報價單、訂單等還是得透過傳真或郵寄，如果都靠手寫就不妥了。

—**MO可讀寫式光碟（Magneto—Opticl Disk Driver）**：由於現在資料量越來越大，單靠磁片攜帶資訊顯然會有容量不足的問題，此時230M或640M的MO就很方便了。此外，由於硬碟相當不可靠，因此我利用MO備份我的資料。以前用Windows 95時，比較容易當機，常要重新整理硬碟，我也會將常用應用軟體放在MO上，重灌Winodws 95時較爲省時省事。

—**掃描器（scanner）**：如果看到好的圖案想放到首頁上該怎麼辦？這時候就需要一台掃描器了。狗狗相片啦、令自己驕傲不已的寫真照、以及產品照片，都可以透過掃描器將他們放在電腦中，一方面儲存，一方面利於傳送。搭配MO也可以當作相片整理工具，外子的得意攝影，都透過掃描器掃描而存放於MO之中，保證永不失真。

—**上網設備**：一般人是用Modem，由於我是ISDN專賣店，因此常常更換上網的ISDN設備。

—**傳真機**：有一陣子是以電腦收、發傳真（Microsoft Fax），後來發現常常容易出狀況，因此買了台傳真機。其實，如果有更好的工具，我還是比較喜歡透過電腦收發傳真，因爲便於整理。我每次看到捲成一團的傳真紙，就覺得很不環保。加上傳真紙上的文字過一陣子，就不清楚了，相當麻煩。

—**兩條傳統電話線與一條ISDN數位電話線**：傳統電話線是以前就申請的，ISDN電話線一申請下去，家中隨時可以保持四線對外聯繫狀況。除非剛好我和外子都在上網、講電話，否則我家電話很少打不通的。

—**答錄機三台**：一人公司，不在家時，公司就好像不存在了，所以請答錄機代勞。

—小型數位攝影鏡頭：搭配ISDN與Netmeeting使用，基本上由於是透過Internet傳輸，效果不是很好，但是勉強可以用啦！以前曾配置一台ISDN影像電話，效果非常棒，但是一台電話動輒五、六萬元，普及率太低，無人可以與我對話，於是就把產品退還給廠商了。

—B.B. Call：想失蹤都不行。

—幻燈機：有時到國外看相關展覽時，多會拍照，有時也可以跟同行分享。但是使用率不高。

—PDA(Perosnal Digital Assistant個人數位助理)：我不喜歡用Notebook，太笨重了，一台如翻譯機大小的PDA，有記事本、電話簿、計算機、行事曆、翻譯、時間換算……，但是我還是覺得有一點重（我非常討厭提或背重物），加上中文輸入不是很方便，無法拿來寫稿。正等待HPC（Handy PC掌上型電腦）更爲成熟。

我的硬體設備不算複雜吧？相信很多網路族，雖然沒當ＳＯＨＯ，設備可能比我的優越。ＳＯＨＯ創業，其實不用準備太多硬體設備，投資不要太大手筆，慢慢來。

應用軟體

我們家是Microsoft的忠實使用者，應用軟體也多使用Microsoft系列相關產品。倒也不是因爲該公司產品多好，只是覺得操作系統都已經用Mocrosoft了，其他應用軟體一致，比較不會有問題。以下列出我較常用的應用軟體及其功能，以供參考。

由於每位網路ＳＯＨＯ，工作的內容不同，我的應用軟體可不一定適合每一位網路ＳＯＨＯ喔！（這句話是不是覺得熟悉呢？）例如是從事美工設計的ＳＯＨＯ，除了Photoshop、我看其他如Painter、Corel Draw也不能少。應用軟體的變化實在太大，不同的ＳＯＨＯ，常用的工具很難完全相同。再強調一次，列出我的應用軟體，只是爲了滿足大家的好奇心。

—電腦環境：我的電腦中有兩個操作系統，Windows 95中文版與Windows NT中文版。前者多是爲了測試用，後者是我主要工作的環境。外子的電腦比較複雜，中英文版的Windows 95與NT都有。此外，因爲最近在測試Micorsoft

的Memphis（又稱Windows 97或98），因此我們另外還有一個獨立的Memphis 硬碟。

—Microsoft Internet Explore（IE）：我想這不需要多做介紹，因爲IE與Netscape是上網的必備工具——瀏覽器（Browser）。大部分時間我用IE上網，沒有特別原因，因爲它是Microsoft的。以前我去上課，大都是使用PowerPoint 製作講義，但是我現在都用IE了，因爲講義內容也可以置放在網頁上。

—Netscape Navigator：目前網友似乎還是較爲鍾情Netscape，我之所以安裝Netscape，主要只是想知道Netscape使用者進入米姬．嚇普所看到的畫面感覺。IE與Netscape所支援的功能多少有些不同（是壞心的Microsoft公司故意造成這種狀況，因爲他們想把Netscape逼出市場），因此需要安裝兩個不同的瀏覽器。

—記事本：大家一定想不到，我最常使用的工具竟是最簡單的記事本！以前用Word寫稿，但是由於Word檔案較大，以及版本相容性的問題，所以漸漸放棄以Word寫稿，而改用記事本輸出.txt的檔案。.txt檔案的好處是，無論別人的電腦使用的是PC或是MAC，甚至Unix，都可以閱讀無礙。所以囉！這本書也是透過記事本寫出來的.txt檔案，送交出版社排版。除了寫稿之外，記事本也是我設計網頁的工具，以記事本編寫HTML語法，存成HTML 檔案，然後透過瀏覽器看結果。

—Ws-ftp95：當我用記事本完成我的網頁資料，也用IE或Netscape看過呈現效果之後，我就會利用WS—ftp95將我的檔案傳送到我的虛擬主機上，如此，米姬。嚇普的訪客便可以看到最新的網頁更新資料。

—Microsoft Word：Word可以幫助排出很漂亮的版面，我都用於寫企劃、報價、下訂單、或是自行製作廣告……等。我現在使用的是Office 97正式版（外子有一些道德潔癖，我家很少用盜版軟體），功能很多，操作便利。加上我有一位網路家教陳永隆老師（www.office.com.tw），我也勉強稱得上是Word高手喔！不過由於Word的檔案較大，加上不同版本有相容性問題，透過E-mail或Internet傳遞的檔案，我還是多用記事本來處理，雖然看起來不那麼美觀，但是有簡單的專業感。

—Microsoft Excel：Excel可是我的財務大臣呢，它會告訴我這個月我到底賺了多少錢，月底我該支付每一家廠商多少錢，稅金多少，而且透過Excel 統計資料，也可看出每個月收入與花費的分布。

—Microsoft PowerPoint：以前我常用PowerPoint做簡報，最近多使用IE，因爲資料可以多方利用。除了簡報外，我認爲PowerPoint是不錯的製圖工具，尤其用於繪製結構圖、系統圖、以及工程圖表。自認爲有一點小小天分，我常用PowerPoint做出很專業的圖形喔！

—Microsoft Outlook：Outlook是我的個人秘書，客戶資料、行事曆、以及重要工作都在Outlook的管轄範圍之中。當然還有我的E-mail也是靠它來處理。Outlook是Office 97新增的功能，很值得利用。

—Microsoft Netmeeting：Netmeeting讓我能夠透過Internet，與別人透過文字、影像、聲音、電子白板……等多媒體方式溝通。我常常透過它，與客戶或朋友討論事情。以文字而言，它的速度幾乎是同步，講話的聲音也還算不錯，但是要用來傳遞影像，效果不是很好。

—小畫家：其實最簡單的工具，可能可以做出最好的效果。通常我在電腦上透過Print screen直接抓取畫面後，我會貼到小畫家中，先做初步處理。小畫家中的BMP格式，雖然檔案較大，但是細部處理時，可以很精密。

—Adobe Photoshop：其實Photoshop我並不是很熟悉，因爲它功能實在太強大了，我發現真正能把Photoshop弄得相當清楚的人也不多。Photoshop我大都是拿來修改既有的圖形。例如把哭臉變笑臉、男生變女生……。

—Lviewpro：由於透過不同應用軟體做出的圖形檔案格式，各有不同。Lviewpro 支援多種圖形格式，我多拿來作格式轉換之用。

—PKZIP for Windows：如果是利用Office系列製作出的檔案，通常檔案較大，這時需要做壓縮。

我還想要添購的配備

我想，很少有人覺得自己的配備很完整，不需要再添購了吧？在此，列出我還想要的東西，看看是否有善心人士願意捐贈！^_^。

—彩色印表機：這樣我就可以印出更漂亮的資料給米姬・嚇普的客戶了。

—光碟燒錄器CDR：我自己會作一些簡報資料，如果有CDR的話，自行燒錄，即可提供給重要客戶與廠商。

—幻燈片掃描器：幻燈片的攝影效果，還是比傳統相紙好得多，只是目前手邊的資訊還是以平面的較多，所以暫時沒買這個設備。

—數位相機：其實除了價格之外，我希望等這個產品更成熟些，再購買。這樣出門拍照方便又可以直接送進電腦中處理。

—GSM無線數位電話：其實已經申請了，還在排隊中，又不想買二手貨，只好期待年底民營業者大哥大所提供的服務了。

—掌上型電腦（HPC）：目前市面上已有相關產品，同時配備Microsoft CE，但是現在還是英文版與日文版，沒有中文版HPC。原先想買Notebook，但是又想等待HPC成熟上市。以前我常常抱著Notebook跑來跑去，後來發現，投資報酬率實在太低了，常常辛苦負重，卻沒派上用場。

—虛擬實境（Virtual Reality）的設備：想玩玩。

走筆至此，其實我是在想，我的生日也快到了，不知道家人是否……

17 當ISDN遇見Migi

網路情敵

芷若和阿敏兩人在網路上的聊天網站上常常相遇，尤其在爭奪無忌哥哥時，更是互不相讓。原本兩人在聊天網站與無忌哥哥打字聊天時，總是保持勢均力敵的狀態，因爲都是使用28.8K bps的數據機上網，打字速度也差不到哪裡去，所以囉！大都保持著妳來我往的狀態，無法分出勝負。而耳根子軟的無忌哥哥，也不表態，使得芷若和阿敏間的戰爭沒完沒了。

可是大小姐芷若竟然冷不防地安裝了64K bps的數據專線，這下子可勝負立見了。因爲阿敏的一般撥接式網路連線速度根本無法與芷若的專線速度匹敵。每當阿敏才寫了一句「無忌哥哥」，芷若竟可以送出「無忌哥哥，明天去看電影好嗎？」、「無忌哥哥，明晚七點豪華戲院見」、「無忌哥哥，我會帶零食給你吃」……。

而透過傳統Modem上網，讓阿敏顯得反應遲鈍，芷若送了無忌哥哥好多巧語花言後，阿敏才只能送出一兩句問候語。怎不讓阿敏感到膽顫心寒，看樣子

名詞一點通

bps（bit per second）每秒多少位元

bps是描述數位資料傳送速度的一個單位，而每一個bit就是指一個0或1。而K是指10的三次方，所以如28.8K bps，就是說每秒可以傳28800個0與1的速度。

這下子可得把無忌哥哥拱手讓給芷若啦！

心不甘情不願的阿敏，立刻上中華電信公司請教專線安裝事宜。得到的回答卻是，利用64K bps的數據專線上網，每個月得花兩、三萬元新台幣大洋，再加上申請費、設備費可最少得投資四、五萬台票。阿敏雖然各方面都不輸芷若，唯獨財力無法與富家女芷若抗衡。難道阿敏就得屈服於金錢的「銀威」下嗎？

一天，窗外下著大雨，可憐的阿敏眼睜睜地看著無忌哥哥與芷若間的甜言蜜語，自己連插嘴的份兒都沒有。隨手翻到家中的電話費收據，ＩＳＤＮ四字印入眼簾，就死馬當作活馬醫地，上網查詢看看什麼是ＩＳＤＮ？於是到了米姬·嚇普。

突然間，一陣霹靂閃電在天際畫過，隨即帶來一聲巨響。難道答案真就在ＩＳＤＮ數位電話線上？

所以囉！ISDN的64K bps速度是28.8K bps速度的兩倍多。

數據專線

連上Internet最簡單的方式是經由數據機（Modem）的撥接，但是如果連線時間非常長，此時透過撥接上網就不一定划算了。加上透過傳統電話線撥接的速度也有瓶頸。

如果上線時間很

當網路情敵遇見ISDN

阿敏仔細地閱讀著米姬．嚇普上提供的ISDN資訊，原來花兩萬元安裝ISDN，以後每個月一兩千元的通話費，就可以輕輕鬆鬆以64K bps甚至128K bps的速度暢遊網際網路。

說時遲，那時快，不但阿敏，連無忌哥哥也安裝了ISDN，每月只需幾千元的花費，就可以得到有如上萬元數據專線的連線效果，讓芷若氣得牙癢癢的。

還不止於此呢，ISDN電話線還可以讓使用者一面快速上網一面打電話。以及由於ISDN是撥接式的，隨時可以透過不同的ISP上網，數據專線無法隨意更換ISP，因此當芷若的主機當機時，就只剩阿敏與無忌哥哥情話綿綿了。因此阿敏與無忌兩人的感情也越來越好。

最近接到芷若的電話，也想安裝ISDN，而我正在猶豫是否該……

長，甚至24小時開機，這時用數據專線是目前常用的做法。

所謂專線，就是花費固定，用不用都得付費的線路。

如何擁有ISDN

ISDN，數位電話線。光聽到數位二字，就知道ISDN是一種走在時代尖端的電話線。ISDN不但可以讓您以64K bps甚至128K bps的速度在網路上飆車，同時還可以讓您一面上網路，一面和別人聊天。最重要的是它不像數據專線那麼貴！

申請一條ISDN數位電話線，只要新台幣九千元ㄋㄧㄚ（其實中華電信不時還辦理特惠，往往可以更便宜的價格申請到ISDN，相關消息，不要忘記去趟米姬．嚇普）！每個月繳交九百五十元的月租費，通話費呢？則與一般電話相同。現在不用ISDN，更待何時？

如何加入ISDN數位電話線的家族呢？

1.向貴寶地中華電信公司申請一條ISDN電話線，或是透過電信局核准的十九家經銷商申請。無論透過經銷商申請，或是親自跑一趟中華電信公司，申請費用一律新台幣九千元。特惠期間，甚至可以以六千元中請到，敬請把握最佳中請時機。

2.申請一個ISDN的Internet帳號，HiNET（www.hinet.net）免費申請中，SeedNET（www.seednet.net.tw）、仲琦網路（www.ht.net.tw）也都提供全省的ISDN連線服務。

3.買一台ISDN數據機，本名叫做TA（Terminal Adapter），連上家中的電腦即可以快速，直攻Internet了。至於ISDN TA哪裡買呢?歡迎到家到米姬・嚇普（www.migi.com.tw）走走就知了。

不過別以爲ISDN只能用來上Internet，在不上網時，一條ISDN線相當於兩條普通的電話線。有了ISDN，不但可以降低因搶電話而產生家庭暴力發生的機會，如果願意再多花些錢，甚至可以使用ISDN影像電話，甚至ISDN的卡拉OK了，實在酷太斃了。所謂數位電話線，速度與應用就絕對不是家中用了幾十年的低檔電話線可以比擬的。

如果您也有網路情敵，或是想在最短的時間、最少的投資取得更多網路資訊，無疑地，ISDN絕對是眼前最好的選擇。除了Internet的應用外，ISDN的魔力還可以含括影像、高級音效、多媒體應用。

誰適合使用ISDN

您是不是對於ISDN也有所心動呢？網路情敵之事，暫時擺到一邊，相信您已經對於網路的烏龜速度感到相當不耐了！如果您自小就沒有練就一身好脾氣或耐心（像我），如果您是用傳統的Modem上網，你大概常對著一動也不動的螢幕發脾氣，Internet真是讓人又愛又恨的東西，不是嗎？ISDN便是目前提升上網速度的最佳、也是最成熟的解決方案！不可否認地，它是比透過傳統Modem上線貴了些，但是對於每天不去網路走一遭就全身難過的網路族而言，絕對是物超所值。

雖ISDN那麼好！我也不建議明天大家就都來去申請ISDN。雖然兩萬的架設費不算太貴，但老實說也不是很便宜就是了。所以希望大家寧可多花點時間評估一下自己是否適合使用ISDN。簡單提供以下評估原則，以供大家參考。

1. **時間寶貴的人**：如果經濟上能夠負擔，就不要浪費時間在等待網路，曾有爲媽媽幫要考大學的孩子裝ISDN，因爲對於要考大學的孩子而言，時間比金錢重要。

2.每月上網時數超過三十小時者：如果上網時數不長，網路雖慢，咬咬牙也就渡過了，就不要太浪費了。但是每月上網時數超過三十小時，我相信您每月等待的時間絕對超過十五小時，時間就是金錢啊，可不要輕易浪費去了。

3.每天上網時數不超過十五小時的公司：透過ISDN可以讓多人一起透過一條ISDN電話線上網，既省錢又省事。但若超過十五小時，則申請數據專線較爲划算。

4.常常往來奔波於各公司的大老闆：您還在用飛機出差嗎？落伍ㄌㄟ！人家現在都用ISDN影像電話說……。

5.高興就好，不用太多理由。

Migi>ISDN

別以爲Migi打算靠著ISDN終其一生喔，即使我想，那也是不可能地。我希望ISDN能跟Migi劃上等號，可是Migi不見得要跟ISDN劃上等號哩！

通訊技術不斷在更新，ISDN由於主客觀的環境，成爲目前最快、最便宜、也最成熟的技術，尤其運用於Internet之上，更是凸顯其特長。在兩三年內，ISDN絕對是最好的選擇，常有人問我如ADSL、B-ISDN、光纖網路、有線電視網路、……，等相關技術，我想強調，那些也是好技術，只是產品以及相關硬體建設尚未成熟，嘗試了解可以，卻還不到應用階段。如果您打算等到那些技術成熟，才開始進入數位世界，那又是三、五年之後了，請三思。

在接下來的幾年，米姬・嚇普將以循序漸進的方式引進成熟的通訊產品，我會像經營Migi's ISDN Shop一樣地提供充分而實用的技術與產品資訊給大家。也許過一陣子Migi's ADSL Shop要在網路上耀武揚威也說不定喔！

名詞一點通

B-ISDN（Broad band ISDN）寬頻ISDN

目前我們說的ISDN都是指窄頻的ISDN，透過一般雙絞銅線即可傳遞資訊。但是到了B-ISDN時代，我們的傳輸媒介就得是光纖了。書中提及的未來酒會，便是B-ISDN生活的最佳寫照。

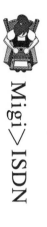

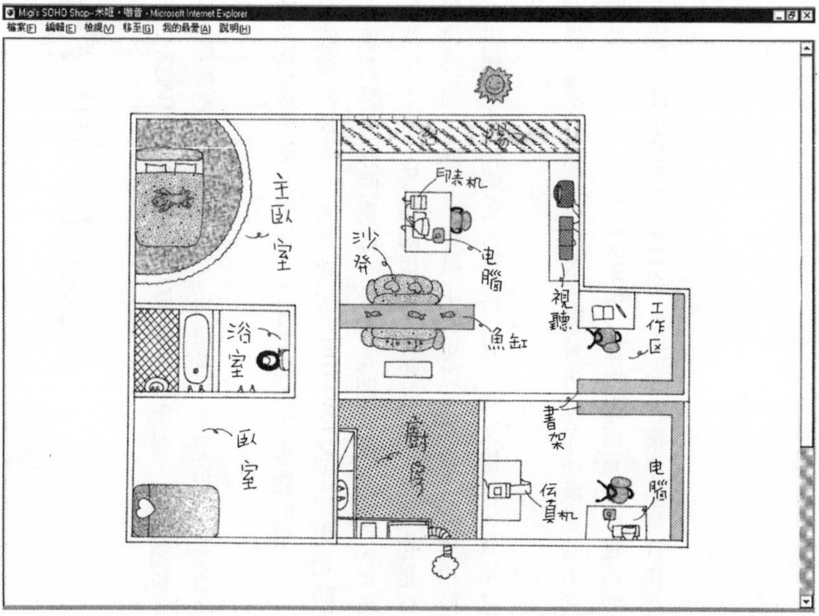

編按：

Migi爲了這本書，眞是犧牲到家了，上圖是作者的私生活大曝光，從上面你可以看見她家的魚缸，還有舒服躺在她床上的狗狗，以及許多SOHO道具。

18 米姬・嚇普一日遊

首頁（Homepage）

米姬．嚇普沒有動用太多或太複雜的網頁設計技術，一方面是因爲所學有限，另一方面是考慮到傳送速度。而米姬．嚇普本身由於還是以專業網站爲訴求，因此希望畫面鋪陳雖然輕鬆但不失專業感。

首頁部份，以ISDN與SOHO爲主要訴求重點，佐以其他各種不同的嚇普，如狗狗嚇普、懶人嚇普、不是好站不介紹……，讓首頁內容具可看性。除了明顯標示內容之外，通常自己的E-mail最好放在首頁，讓訪客很容易連絡到網站主人。同時由於避免對他人造成困擾，原則上我不主動發送相關資訊，除非訪客填寫索取活動資料。

由於首頁是進入米姬．嚇普的大門，因此重要的活動訊息一定會在首頁刊載，但又不能讓首頁內容過於複雜，因而影響上網速度，所以較重要的活動資訊我會放在首頁。例如與衛普電腦台合作的前進97活動，由於對方知名度也夠，因此我會在首頁置放連結與活動商標。一般而言，我不太與別的網站進行首頁廣告交換，因爲怕破壞整個首頁的風格與影響速度。這不一定是好的行銷策略，只是我的一點小堅持而已。

我的網頁有音樂喔，是有緣份的好朋友Hiro編寫相贈的，另外一些可愛的漫畫，是另一位緣份好友亦芳特別繪製的。

Migi's ISDN SHOP

ISDN是我的主打商品，而我也花最多心思在我的ISDN SHOP上，ISDN SHOP主要有七個單元，此外，只要是最新的ISDN相關消息，在ISDN SHOP上一定找得到。

1. 關於Migi's ISDN SHOP：我簡單的介紹了自己的理想。
2. ISDN答問集：這是我最驕傲之處，下文會詳細介紹。
3. 台灣的ISDN廠商：台灣ISDN廠商的超鏈結。
4. 世界的ISDN廠商：國外ISDN廠商的超鏈結，另外有超過100個以上的世界ISDN鏈結。
5. ISDN設備哪裡買：只要對ISDN設備有所了解，大概也就對ISDN 沒什麼問題了，這裡有全台灣最翔實的ISDN設備資訊與價格資料。
6. 會員專區：稍後再詳加介紹。
7. 好玩的WWW：我常去的網站。

ISDN問答集收錄了部份我所寫的ISDN相關文章，以及其他重要技術。網站內提供的ISDN資訊，不斷地增加中，我列出我目前所提供的資訊，自己都有一點驕傲呢！不知諸位看官是否有給我掌聲呢？^_^

我就靠著這些資料得到網友的信任，因爲大家覺得我認真地經營Migi's ISDN SHOP。如果您也打算在網路上創業，一定要展現自己的誠意！

—ISDN，如何開始？
—1996年ISDN FAQ
—四月十六日，ISDN討論會內容轉播
—不知道什麼是ISDN嗎？太遜了吧！
—ISDN數字會說話
—Migi上課的其中一份講義
—AcerISDN T30如何使用
—ISDN路由器
—ISDN視訊電話
—Migi在中央日報的ISDN連載
—ADSL vs. ISDN

—OMNI TA 128安裝詳述

—簡單易懂的ISDN

—ＳＯＨＯ族的利器—TA

—中華電信公司的收費

—中華電信公司所提供ISDN資訊

—ISDN應用範例

—ISDN vs. Internet

—如何申請ISDN

—ISDN的基本觀念

—提供ISDN服務的ISP

—ISDN話機功能詳述

—ISDN錯誤觀念

—世界各地ISDN知識寶庫

—ISDN設備之價格

—通過中華電信認證的ISDN設備

—中華電信研究所的ISDN資料

—台灣ISDN佈線情形

—各廠家ISDN產品測試報告

—Window95 VS ISDN

—詳盡的ISDN教學資料

米姬．嚇普有一塊神祕區域，是會員專區，基本上我只把密碼提供給ISDN使用者，一方面裡面的圖案較爲複雜需要較快的傳輸速度。另外，這也是提供給客戶區域，裡面提供更具實用性的資訊。之所以要設定會員專區，倒不是爲了營利，而是將資訊做一個區隔，若提供太多的資訊給非ISDN使用者，常常會衍生出較多且不易回答的疑問，徒增答覆信件的困擾。此外，會員區的留言版，會員可以暢快討論，不怕干擾。會員區的資訊也是不斷增加中，大致內容如下：

—我們都是一家人

—ISDN討論區

—最新產品軟、韌體與使用手冊下載

—進階技術資料

—廠商們技術服務人員資料

—全省中華電信ISDN承辦人員名單

—試用軟體下載

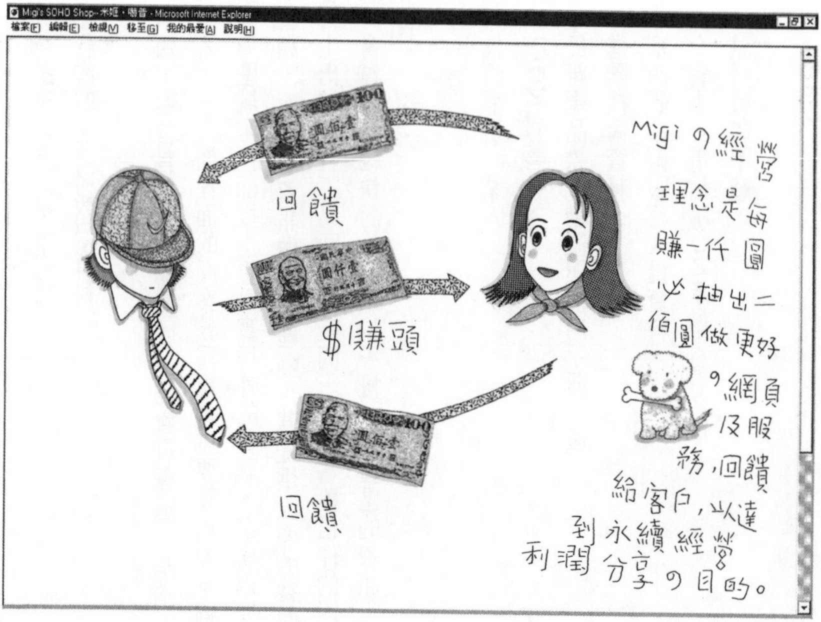

題外話：

看完Migi's ISDN SHOP，是不是發現小小成功也不是偶然的呢？認眞，是Migi's ISDN SHOP小小的堅持。

Migi's SOHO SHOP

大家應該感覺得出ＳＯＨＯ將成爲我下一個主打產品喔，不過不是爲了賺錢，而是爲了理想。當然也希望藉此提升我的ISDN SHOP的知名度囉！不過目前SOHO SHOP尚在建置中，資料還不是很齊全，先列出我想要放置的資訊，到時請大家上網見證我是否說話算話。

—【穿著睡衣的女人——我是酷酷ＳＯＨＯ族】導讀

—台灣ＳＯＨＯ介紹：網路上還有好多優秀的ＳＯＨＯ喔！Migi打算把他們從網海中找出來，讓大家分享他們的成就與心得。

—ＳＯＨＯ相關文章：其實之前就有幫雜誌寫些ＳＯＨＯ文章，之後我也會繼續寫下去，並且蒐錄於SOHO SHOP之中

—ＳＯＨＯ工具蒐集：針對有用的應用軟體，做相關的介紹與整理，讓上網創業更爲簡單。

—世界ＳＯＨＯ資源蒐集：ＳＯＨＯ已是世界趨勢，全世界有許多ＳＯＨＯ組織，提供ＳＯＨＯ必要的協助，網頁中會有超鏈結。

偷偷地告訴大家，我的小小夢想，希望有機會Migi's SOHO SHOP能成爲所有台灣SOHO的家。

其他

在「全家總動員」中提及咱們全家都上網，所以網站上不只可以看到ISDN、SOHO這類專業的話題，更可以見到溫馨的畫面與文字。在學習新東西之餘，不妨走一趟狗狗嚇普、老人嚇普、懶人嚇普輕鬆一下，米姬．嚇普期待訪客來此能有一趟知性與感性兼具的網路之旅。

由於自己除了扮演站主的角色，也是一個閒不住的網路訪客。於是我針對自己喜歡去的站，在「不是好站不介紹」單元中做了分類整理。目的是爲了自己方便，也希望提供網友方便。我的分類方式如下，歡迎一遊。

——書報雜誌小鋪

——搜尋引擎及轉運站

——算命攤子

—電台、廣播、電視、娛樂
—休閒娛樂寵物、小朋友
—專業網站
—另類的站台
—網路文學
—學做網站，不可少的資訊
—女性與浪漫

我的網站還有一個特色，我的虛擬主機提供者沙易資訊(www.cys.hinet.net)每週會針對訪客往來狀況提供統計資料，以利我調整經營方向，而統計資料中的內容包含了以下項目。

—上網人數
—上網次數
—訪客是透過哪些網站而來的
—米姬．嚇普中最受歡迎的網頁排行榜
—訪客隸屬於哪一家ISP
—每天上網人數分布

其實米姬·嚇普下個月是否會有大改變呢?我也不敢說，但請相信我，只會越變越豐富的。米姬·嚇普需要您的鼓勵，歡迎給我E-mail，或是到我的訪客留言簿簽個到吧!^_^

題外話：

不論你是男是女，用的是眞名或是假名，只要你敢來，好運包準跟著來！米姬．嚇普一日遊，讓你滿載而歸！

國家圖書館出版品預行編目資料

穿著睡衣賺錢的女人　：我是酷酷SOHO族／Migi
作．-- 初版．-- 臺北市：大塊文化，1997
[民 86]
面；　公分．--（Smile；10）
ISBN 957-8468-17-2（平裝）

1．創業 - 通俗作品

494.1　　86007654

116 台北市羅斯福路六段142巷20弄2-3號

廣告回信
台灣北區郵政管理局登記證
北台字第10227號

大塊文化出版股份有限公司　收

請沿虛線撕下後對折裝訂寄回，謝謝！

地址：____市／縣____鄉／鎮／市／區____路／街____段____巷

____弄____號____樓

姓名：

大塊 LOCUS 文化

編號：SM010　　書名：穿著睡衣賺錢的女人

大塊 LOCUS 文化

讀者回函卡

謝謝您購買這本書，爲了加強對您的服務，請您詳細塡寫本卡各欄，寄回大塊出版（免附回郵）即可不定期收到本公司最新的出版資訊，並享受我們提供的各種優待。

姓名：__________ **身分證字號**：__________

住址：__________

聯絡電話：(O)__________ (H)__________

出生日期：______年______月______日

學歷：1.□高中及高中以下 2.□專科與大學 3.□研究所以上

職業：1.□學生 2.□資訊業 3.□工 4.□商 5.□服務業 6.□軍警公教 7.□自由業及專業 8.□其他______

從何處得知本書：1.□逛書店 2.□報紙廣告 3.□雜誌廣告 4.□新聞報導 5.□親友介紹 6.□公車廣告 7.□廣播節目8.□書訊 9.□廣告信函 10.□其他__________

您購買過我們那些系列的書：

1.□Touch系列 2.□Mark系列 3.□Smile系列 4.□catch系列

閱讀嗜好：

1.□財經 2.□企管 3.□心理 4.□勵志 5.□社會人文 6.□自然科學 7.□傳記 8.□音樂藝術 9.□文學 10.□保健 11.□漫畫 12.□其他_____

對我們的建議：__________

catch

叛逆的天空

很想真真正正擁有自己

梁望峯◎著

- 在熱鬧中感到寂寞，比孤獨中的寂寞更難耐。
- 既然是心事，還是把事放在心上好了。
- 當女友對你諸多挑剔時，她的目的只不過是隨便找一個藉口與你分手而已。
- 社會上總會有人說一些連他們自己都不能做到，卻要命令其他人做到的廢話！
- 孩子要的，其實是父母親的體諒，而不是一面倒的期望。

catch

寂寞裡逃

一個人沒什麼不好

梁望峯◎著

・當初，寫作是爲了驅散寂寞，到了現在，寫作卻將我拖進更寂寞的深淵裡去。
・要爲了別人的眼光和標準而改變，實在很傻。
・處之泰然地接受結果，比千方百計剷除異見者高明。
・若我喜歡了一個人，我希望她能夠完完全全屬於自己。

LOCUS

LOCUS

LOCUS

LOCUS